五谷滋补
养生粥

李波 主编

北京联合出版公司
Beijing United Publishing Co., Ltd.

图书在版编目（CIP）数据

五谷滋补养生粥 / 李波主编 . — 北京：北京联合出版公司，2014.11（2022.3 重印）

ISBN 978-7-5502-3822-0

Ⅰ . ①五… Ⅱ . ①李… Ⅲ . ①杂粮 – 粥 – 食物养生 – 食谱 Ⅳ . ① R247.1 ② TS972.137

中国版本图书馆 CIP 数据核字（2014）第 242206 号

五谷滋补养生粥

主　　编：李　波

责任编辑：徐秀琴　宋延涛

封面设计：韩　立

内文排版：刘欣梅

北京联合出版公司出版

（北京市西城区德外大街 83 号楼 9 层　100088）

德富泰（唐山）印务有限公司印刷　新华书店经销

字数 460 千字　720 毫米 × 1020 毫米　1/16　20 印张

2014 年 11 月第 1 版　2022 年 3 月第 2 次印刷

ISBN 978-7-5502-3822-0

定价：68.00 元

说到粥，有人认为粥虽好，就是过于寡淡，但大音希声，大象无形，大味亦必淡，阅遍人间珍馐，有时候人们想要的，不过是一碗再寻常不过的粥，加一碟小咸菜。

明代伟大的医学家、药物学家李时珍在其编写的《本草纲目》中说过："每日起，食粥一大碗，空腹虚，谷气便作，所补不细，又极柔腻，与肠胃相得，最为饮食之妙也。"

清代著名医学家王士雄在他的著作《随息居饮食谱》中称粥为"天下之第一补物"——"粳米甘平，宜煮食。粥饮为世间第一补人之物"。

清代章穆在《饮食调疾辩》中写道："粥能滋养，虚实百病固己。若因病所宜，用果、菜、鱼、肉及药物之可入食料者同煮食之，是饮食即药饵也，其功更奇更速。"

由此可见，粥不仅不寡淡，而且大有妙用——养生、保健、治病都缺不了它。

就煮粥材料来说，最养人的人还是五谷杂粮。《黄帝内经·素问》说："五谷为养，五果为助，五畜为益，五菜为充，气味合而服之，以补精益气。"例如按季节喝粥，冬天适合喝"八宝粥"，温胃健脾；夏天喝"绿豆粥"，清热消暑；春天喝"菊花粥"，养肝解毒；秋天喝"银耳粥"，滋阴润燥。按养生健身喝粥，失眠者可喝"百合莲子粥"安神补心，腰膝酸软者喝"枸杞桑葚粥"补肾壮骨，产妇可以喝"小米红糖粥"养血健脾……

本书通过八章内容，从不同的层面介绍了五谷杂粮养生粥制作及食谱：

一、五谷杂粮最养人，让您了解五谷养生的"前世今生"；

二、五谷杂粮煲好粥，介绍五谷、豆薯、杂粮粥的制作及养生功效；

三、根据体质喝对粥，帮您了解您的体质，制定科学的养生方案；

四、日常保健美味粥，精心挑选粥品，按养生功效分别为您呈现五谷杂粮粥；

五、呵护全家滋补粥，老人、婴幼儿、孕产妇……对粥品的需要是不同的，帮助您为您的家人做上一碗贴心的养生粥；

六、防治疾病强身粥，为您介绍选用中药制成的粥膳，用来防治疾病，强身健体；

七、四季养生调养粥，按季节变化喝粥养生；

八、"食"尚新宠：五谷汁·米浆·粉糊·糖水·茶，为您提供多一种健康饮食方式的选择。

此外，在本书的附录，我们还介绍了佐粥菜点，让您喝粥更有滋味。

愿读到这本书的您，在品尝美味的同时，更可以获得一个科学、健康的养生方式！

目录

第5章
呵护全家滋补粥

第6章
防治疾病强身粥

 第 8 章
**"食"尚新宠：五
谷汁·米浆·粉糊·糖水·茶**

附录
营养加倍的佐粥菜点

第1章
五谷杂粮最养人

《黄帝内经·素问》说："五谷为养，五果为助，五畜为益，五菜为充，气味和而服之，以补精益气。""五谷为养"指的是米、麦、豆、薯等粮食能够主养"五脏之真气"。《黄帝内经》认为，食物是人养生之本。用食物补充人体所需的各种营养物质，可以调节和改善机体的生理功能，维持体内环境的稳定性，增强机体的抗病能力和对环境的适应性，减少或抑制致病因子对身体的伤害，达到预防疾病或促进病体康复的目的。

五谷杂粮的"前世今生"

　　"五谷"这一名词的最早记录，见于《论语》，只是里面没有给出具体内容；到了《黄帝内经》开始有了明确的定义，里面的"五谷"是指：大米、小豆、麦、大豆、黄黍。明朝的时候，李时珍完善了五谷杂粮的种类，他在《本草纲目》中记载谷类有33种，豆类有14种，总共有47种之多。随着时代的发展与变迁，现在的"五谷"为：稻谷、麦子、高粱、玉米、大豆五种粮食，杂粮一般是指除这五种粮食外的粮豆作物。

　　如今人们所说的五谷杂粮包括各种谷类、豆类、薯类，以及坚果类和干果类。随着人们养生意识的增强，五谷杂粮养生的价值观也越来越受到重视。中医指出，养生之道首先要保养脾胃，摄取食物中的营养，要多吃五谷杂粮，尤其是豆类。

　　现代医学研究发现，五谷杂粮中含有大量的膳食纤维，可帮助肠道蠕动，排出毒素，预防便秘。而且五谷杂粮富含的淀粉、糖类、蛋白质、各种维生素和微量元素（如铜），这些都是人体所必需的营养成分。如果主食摄取不足，常会导致头发变灰、变白。所以，要想身体健康就必须常吃一些五谷杂粮。

五谷为养，《黄帝内经》中的养生之道

　　"养生之道，莫先于食。"那么，如何选择养生的食物呢？《黄帝内经·素问》说："五谷为养，五果为助，五畜为益，五菜为充。""五谷为养"指的是米、麦、豆、薯等粮食能够主养"五脏之真气"；"五果为助"指各种鲜果、干果和坚果能佐助五谷，使营养平衡；"五畜为益"指鱼、肉、蛋、奶等动物类的食物能增进健康，弥补素食中蛋白质和脂肪的不足；"五菜为充"是指各色蔬菜能够补充人体所必需的营养成分。

五谷杂粮种类	代表食物		营养结构
谷类	小麦	粳米	含70%以上的碳水化合物，是人体热能最经济的来源
豆类	大豆	红豆	蛋白质含量丰富，尤其是干品豆子，蛋白含量甚至可达50%以上
薯类	红薯	土豆	含有约20%的淀粉以及大量的糖类，碳水化合物利用率很高，也是人体能量的重要来源
干果坚果类	杏仁	核桃	大多数含有近50%的油脂，且多为不饱和脂肪酸，对保护心脑血管有重要作用

《黄帝内经》强调，食物是人们养生之本。我们应该把注意力集中于饮食调养方面，用食物调节和改善机体的生理功能，维持体内环境的稳定性，增强机体的抗病能力和对环境的适应性，减少或抑制致病因子对身体的伤害，达到预防疾病或促进病体康复的目的。

天然的食物为人们提供了每日的营养素，加以合理利用，还可以调节内分泌，排出人体内的毒素，提高机体免疫力。值得注意的是，长期偏嗜某一味，会使脏腑功能失调，甚至累及其他脏腑，必然导致偏颇体质，引发各种病变。因此，通过食物来调养身心，预防疾病、延年益寿，饮食须有所节制，不可偏颇，不可过食。

《四性五味，用古老智慧"解析"你的食物》

按照传统中医理论，五谷杂粮有四种"性情"：寒、凉、温、热。后来又在此基础上增加了一种平性，意思就是介于寒凉与温热之间。有"五味"，指辛、甘、酸、苦、咸。了解五谷杂粮的四性五味，可以让人们根据自己的体质来选择合适的食物。

根据"四性"选择食物

寒凉食物有清热、祛火、凉血、解毒等功效；温热食物有散寒、温经、通络、助阳等功效。《黄帝内经·素问·至真要大论》有"寒者热之，热者寒之"的准则，由此也可以延伸出食之养生的准则：

❶ 寒凉食物适用于热性体质和病症，如适用于发热、口渴、烦躁等症状的西瓜；适用于咳嗽、胸痛、痰多等症状的梨。

❷ 温热食物适用于寒性体质和病症，如适用于风寒感冒、恶寒、流涕、头痛等症状的生姜、葱白；适用于腹痛、呕吐、喜热饮等症状的干姜、红茶；适用于肢冷、畏寒、风湿性关节痛等症状的辣椒、酒。

四性	功效	对症	代表谷物
凉性	清热泻火、解暑除燥、消炎解毒等	夏季发热、发汗、中暑，急性热病、发炎、热毒	薏米
寒性	寒与凉性质功效相同，但清热去火程度更强，不宜长期过量食用	常用于热性病症，发热、发炎、痘疹	绿豆
温性	驱寒振阳、温暖脾胃、补养气血、驱虫、止痛等	秋冬怕冷、手脚冰凉、脘腹冷痛、病后体虚	糯米
热性	与温性食物性质相同，但程度较为剧烈，一般不用来长期补益身体	可用于寒性病症，以及冬季滋补等	桂圆
平性	开胃健脾，强身健骨，清淡滋补，可长期食用	各种体质都能食用	粳米

❸ 平性食物。中医认为，平性食物具有开胃健脾、补虚强壮的作用，适合经常食用。如米、面、黄豆、山芋、萝卜、苹果、牛奶等。

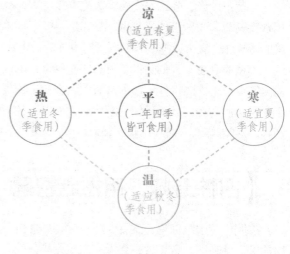

凉（适宜春夏季食用）

热（适宜冬季食用）

平（一年四季皆可食用）

寒（适宜夏季食用）

温（适应秋冬季食用）

根据"五味"选择食物

❶ 辛味食物有发散风寒、行气止痛等作用。例如，葱、姜散风寒、治感冒；胡椒祛寒止痛；茴香理气、治疝痛；橘皮化痰、和胃等。

❷ 甜味食物有滋养强健身体、缓和疼痛的作用。代表性食物有黑米、黄豆等。

❸ 酸味食物有收敛、固涩、安蛔的作用，如石榴皮涩肠止泻，可以治疗慢性泄泻；乌梅有安蛔之功，可治疗胆道蛔虫症等。

❹ 苦味食物有清热、祛火等作用。例如莲子心清心泻火、安神，可以治疗心火旺盛引起的失眠、烦躁等症。

❺ 咸味食物有软坚散结、滋阴潜降等作用。例如，早晨喝一杯淡盐水，对治疗习惯性便秘有功效。

五谷杂粮的五色养生论

中医有"五色入五脏"的理论。五色是指青（绿）、赤（红）、黄、白、黑，不同颜色的食物，养生保健的功效不同。

绿色养肝

常见绿色食物包括绿色蔬菜和水果等，如：青椒、猕猴桃、菠菜等，这些食物是维生素的主要来源，主要功效是清理肠胃、促进生长、排毒。

红色养心

红色食物有西红柿、橘子、苹果等，这些食物有活血化瘀的功效，对心脏大有益处。另外，多吃红色食物还可以起到减轻疲劳、抗衰老、补血、祛寒等功效。

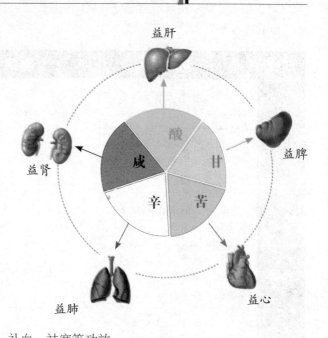

益肝

益脾

益肾

酸

甘

咸

辛

苦

益肺

益心

黄色养脾

黄色食物有健脾养脾的作用，还可以提供维生素 A 和维生素 D，抗氧化，促进排毒。如胡萝卜、蛋黄、小米等。

白色养肺

白色食物有润肺养肺的功效，而且对预防心脑血管疾病、安定情绪、润肺、促进肠蠕动都有很大的作用。如杏仁、豆浆、白萝卜等。

黑色养肾

黑色食物对于补肾、防治心脑血管疾病、抗衰老的效果非常明显。如黑豆、黑芝麻、黑米等。

五色食物必须均衡摄取，不可偏食一色，要让五脏同时得到滋补。

《五谷杂粮的营养透视》

谷类

谷类作为我们的日常主食，营养价值极为丰富。它可以提供人体所需热能的 50% ~ 60%，还可提供 30% 以上的蛋白质。但是，谷类蛋白质中赖氨酸含量较低，所以谷类适宜和豆类搭配食用，以达到更好的营养效果。此外，谷类还是维生素 B_1、烟酸的主要来源，对预防脚气病、皮肤粗糙、皮炎、舌炎等疾病有帮助。

谷类营养成分表	
蛋白质	谷类中蛋白质的含量在 8% ~ 12% 之间，主要由谷蛋白、醇溶蛋白、球蛋白组成。科学研究发现，如果每人每天食用 300 ~ 500 克谷类食物，就可以得到 35 ~ 50 克蛋白质，相当于一个成年人一天所需蛋白质的半数或以上。
脂肪	谷类中含有少量的脂肪，如大米、小麦为 1% ~ 2%，玉米和小米可达 4%。这些脂肪大多集中于谷类的胚芽中，大多是对人体有益的不饱和脂肪酸。
维生素	谷类富含丰富的维生素，其中以 B 族维生素最多，如维生素 B_1、维生素 B_2 及维生素 B_3（烟酸）。这些维生素主要分布在糊粉层和胚部，可随加工而损失，加工越精细损失越大。所以，常吃粗加工的五谷杂粮对健康有益。
植物纤维	谷类外皮含有丰富的植物纤维，可以有效刺激肠胃蠕动，促使胃肠分泌消化液，从而有效地消化食物，预防便秘。
碳水化合物	谷类中的碳水化合物平均高达 60% ~ 70%，是供给人体能量的重要来源。谷类在煮熟以后，会形成一种蛋白淀粉黏液，若制作成粥，可增进肠胃的蠕动。
矿物质	铁、钙、磷、镁为谷类中的主要矿物质成分，其中以磷的含量最高，且绝大部分集中在谷类的外皮。

豆类

中医上有"五谷宜为养，失豆则不良"的说法。为什么会给豆类这么高的评价呢？这是因为，豆类含有大量的优质蛋白、人体必需的8种氨基酸、卵磷脂、丰富的维生素及矿物质，特别适合于脑力工作者。豆类含有的维生素E和豆类皂苷，可防止氧化脂质生成，延缓衰老，并有降低血清胆固醇、防止动脉粥样硬化的作用。豆类中的磷可补充脑的需要，铁、钙可预防贫血和骨质疏松。

豆类营养成分表

蛋白质	豆类中的蛋白质一般可达35%～40%，氨基酸组成接近人体需要。赖氨酸含量较多，与赖氨酸含量较少的谷类食物混合食用，可以提高蛋白质的吸收利用率。
脂　肪	以大豆为最，约18%，其他豆类仅含脂肪1%左右。豆类的脂肪含有丰富的亚麻油酸和磷脂，对预防心血管疾病有良好的作用。
维生素	豆类含有丰富的维生素，其中B族维生素较为丰富，维生素C含量不高，但豆芽中维生素C的含量较高。
植物纤维	豆类中含有丰富的植物粗纤维，这些粗纤维可以刺激胃部黏膜，促进肠胃蠕动，帮助消化，从而有效防止便秘。
碳水化合物	豆类的碳水化合物相对较少，一般在20%～30%之间。
矿物质	豆类含有多种人体所需的矿物质，其中铁的含量最高，而且易于消化和吸收，是贫血患者的食疗佳品。

五谷杂粮的最佳健康吃法

五谷杂粮是最好的基础食物，也是最便宜的能量来源。成年人每天摄入250～400克谷物，有利于预防相关慢性病的发生。各种各样的五谷杂粮，都有各自的最佳吃法，选择正确的吃法，能把其中的营养效用发挥得淋漓尽致。

五谷杂粮的最佳吃法

❶ 新鲜为佳。吃五谷杂粮以新鲜者为好，一方面新鲜五谷杂粮营养物质含量较丰富，另一方面新鲜五谷杂粮不易被黄曲霉素所污染。久置的五谷杂粮易霉变，不但不能预防疾病，其中的黄曲霉素还有可能诱发肝癌。

❷ 提前浸泡。在烹煮五谷杂粮之前，提前浸泡一下，可以活化其中的营养素，减少烹煮时间，同时能增加口感，还能帮

助消化。五谷杂粮种类不同，浸泡时间也不同，后文中有具体介绍，这里不赘述。注意的是，夏天的时候，最好将五谷杂粮放在阴凉处或冰箱冷藏室内浸泡，以减少细菌的滋生。

❸ 清淡烹煮。很多人为了追求口味，在烹煮过程中添加过多的酱油、糖、醋、盐等调料，这样虽然增加了"口福"，但是会加重肾脏的负担，还易引发心血管疾病。烹煮五谷杂粮时，要坚持"三少原则"，即少油、少糖、少盐。

❹ 多样烹调。很多人都知道五谷杂粮有很好的养生功效，但是长期食用就会产生厌烦心理，这时候可以丰富一下烹调的方法，增加自己的食用兴趣。五谷杂粮的做法有很多，除了做粥以外还可以做主食，如黄米面馒头；也可以制作成五谷汁，如玉米黄豆汁；也可以做成美味的米浆，如红薯大米浆；还可以做成营养易消化的粉糊，如红豆莲子糊；或者各种小点心，如南瓜饼等。

❺ 注意搭配。选择性味相辅的五谷杂粮搭配食用，可以更好地发挥两者的营养效果，如：红薯和小米搭配有补中益气的效果，牛奶和燕麦搭配达到营养翻倍的效果，等等。

❻ 循序渐进。五谷杂粮是健康养生很好的选择，但是也不能"一口吃个胖子"，大量食用。长时间单一大量进食某种食物往往会取得适得其反的效果。所以，吃五谷杂粮，要循序渐进地增加摄入量，同时搭配其他食物，这样一来可以给肠胃一个适应过程，又可以起到养生保健的功效。

不宜多吃五谷杂粮的 6 种人

❶ 有肠胃疾病的人。五谷杂粮含有大量的膳食纤维，可以缓解便秘，但是肠功能差者多食膳食纤维反而会对肠胃造成刺激。有肠胃疾病的人，要注意别吃太多荞麦类，因为荞麦类易导致消化不良；也要斟酌吃大豆类，避免引起胀气。

❷ 肾脏病人。五谷杂粮的蛋白质、钾、磷含量偏高，当成主食容易吃多，肾脏病人身体无法耐受，所以肾脏病人反而需要吃精致白米。需注意的是，肾脏病人低蛋白饮食的同时，西瓜之类的水果（水分多）也要少吃，以减轻肾脏负担。

❸ 消化能力有问题的人。五谷杂粮较粗糙，消化能力有问题的人，尤其是胃溃疡、十二指肠溃疡患者食用后，食物会跟胃肠道摩擦，造成伤口疼痛。

❹ 贫血、缺钙的人。谷物的植酸、草酸含量高，会抑制钙质，尤其抑制铁质的吸收，所以缺钙、贫血的人，要学会聪明地吃五谷杂粮，做到钙、铁与五谷杂粮的营养同步吸收。做到这一点，有很多小方法，例如，牛奶不宜与五谷杂粮一起吃，这样就不会影响钙质吸收；红肉（牛羊肉）所含的血基质铁，可不受植酸影响，与五谷杂粮搭配食用，营养达到互补。

❺ 痛风病人。临床医学证明，痛风病患者，如果过量食用豆类，会引发尿酸增高，因此痛风病人在食用五谷杂粮时，要注意慎食豆类。

❻ 糖尿病人。糖尿病人其实是适合食用五谷杂粮的，因为五谷杂粮中的植物粗纤维进入肠胃后，会不断地吸收水分，然后膨胀成为胶状，这样可以增加食物的黏稠性，有效延

缓身体对于葡萄糖的吸收，对糖尿病人控制血糖和调节血糖有帮助。但是，糖尿病人要注意控制淀粉摄入量。尤其是糖尿病并发肾病变时，就不能再吃杂粮饭了，得回过头来吃精制米面。

五谷杂粮的选购与储存

五谷杂粮的选购

后文中有具体的五谷杂粮的选购技巧，这里只介绍五谷杂粮选购的四个总原则。

❶ 看。选购五谷杂粮时，首先要看色泽和外观，优质的五谷杂粮颗粒饱满，有光泽，无虫蛀、霉变、破损以及腐烂的现象。

❷ 抓。可以抓一把想购买的五谷杂粮，放开后观察其杂质含量，优质的五谷杂粮颗粒均匀、干净、杂质少。

❸ 闻。优质的五谷杂粮闻起来有粮食的清香，反之，如果闻起来有异味（霉味、汽油味等）就不是优质的五谷杂粮。

❹ 尝。可以选几粒五谷杂粮放入口中品尝，优质的五谷杂粮吃起来有粮食的香甜味，无异味、怪味。

五谷杂粮的储存

贮存不当，五谷杂粮中所含的淀粉、脂肪和蛋白质等会发生变化，使其失去原有的色、香、味，不仅营养成分和食用品质下降，甚至会产生有毒、有害物质（如黄曲霉素等）。五谷杂粮的储存，要做到以下三点：

❶ 选择干净、干燥的玻璃或陶瓷容器储存五谷杂粮，不易受潮。

❷ 保证容器的密封性，防止五谷杂粮受外界湿气影响而变质。

❸ 放在通风、阴凉处，同时放几瓣大蒜，防晒、防虫。

第 2 章
五谷杂粮煲好粥

　　明代名医李时珍特别推崇以粥养生，他在《本草纲目》中说：
"每日起，食粥一大碗，空腹虚，谷气便作，所补不细，又极柔腻，
与肠胃相得，最为饮食之妙也。"特别是五谷杂粮粥。每天一
碗五谷杂粮粥，最养元气。尤其是老年人和大病初愈的人，脾
胃比较虚弱，用五谷杂粮粥养生极为适宜。不仅如此，健康的
人经常喝五谷杂粮粥，可以滋养脾胃，保护元气。

粥膳的养生功效

滋补养生

人们若想滋补养生，可以经常食用粥膳，特别是中老年人、儿童、孕产妇以及体弱多病者，更需要通过日常生活的膳食来调养身体。中医认为，虚性体质的人如果能配以一些粥膳进行调理，并坚持长期食用，通过阴阳气血的调和，就会取得良好的食疗效果。

因此，人们可以根据自身的年龄特点、体质特征以及身体各个器官的具体状况来进行粥膳调理与养生，从而达到保健的目的。

增强体质

在制作粥膳时所用的原料不同，粥品的功效也会有所区别，总体而言，粥是一种温和的调理性食物，它能保证主食的多样化，使营养摄入更平衡，从而增强体质，保证人体的健康。

祛斑养发固齿

由于光照日晒容易形成色斑，这给女性带来了很多烦恼。若想使皮肤白嫩光滑，女性朋友可以经常食用一些具有淡化色斑功效的粥膳，可达到祛斑的目的。

有些女性朋友的头发非常干燥、枯黄，而且容易脱发掉发，此时可食用用芝麻、核桃等干果制作的粥膳，可以起到养护头发的作用。

牙齿的美观也是不容忽视的，平时可多食用一些对牙齿有保健作用的粥膳。

美容养颜

中医认为，美容养颜与人体的五脏六腑、气、血都有着密切的联系，因此很多女性通过食用粥膳来美容养颜。当身体内部聚集的毒素无法排出体外时，就会出现皮肤问题，这时可食用一些具有排毒功效的粥膳进行调理，如果人体内部阴、阳、气、血失调而影响容颜时，也可以常食用具有养颜润肤功效的粥膳进行调理。还可以根据自身的体质和机体状况食用粥膳，从而清除让机体衰老的自由基，除去皱纹，保持年轻。

抗饥饿

当粥膳进入胃和肠道后，会使胃和肠道扩张，产生饱腹感，机体就会发出已经饱了的信号，从而抑制再吃食物的欲望。这有助于糖尿病和肥胖病人控制饮食。

减肥瘦身

如果人体内的脂肪堆积过多就会使人肥胖，不仅影响美观，严重时还可能危害到身体健康，引发肥胖症、糖尿病、高血压、心脏病等疾病。中医认为，这些病症跟人的饮食、情志、劳逸、体质等因素有关。因此，为了保持苗条身材，人们除了适当地锻炼身体，还可以合理安排每日的膳食，食用适当的养生粥膳，从饮食方面进行调理。

通便

用杂粮熬制的粥膳中含有丰富的膳食纤维，当膳食纤维吸水膨胀后，会令肠内容物体积增大，使大便变软变松，并且能促进肠道蠕动，缩短肠内容物通过肠道的时间，能够起到润便、治便秘和治痔疮的作用。

解毒防癌

粥膳中杂粮所含的膳食纤维能促进肠胃蠕动，这样就缩短了许多毒物，如肠道分解产生的酚、氨等及细菌、黄曲霉毒素、亚硝酸胺、多环芳烃等致癌物质在肠道中的停留时间，减少肠道对毒物的吸收。另外，膳食纤维能吸水膨胀，使肠内容物体积增大，从而对毒物起到稀释作用，减少了毒物对肠道的影响。膳食纤维还可与致癌物质结合，形成无毒物排出体外，因此具有良好的解毒防癌作用。

降低血糖

研究表明，用粗粮熬粥有助于糖尿病患者控制血糖。目前国外一些糖尿病膳食指导组织已建议糖尿病病人尽量选择食用粗粮及杂豆类熬制的粥，将它们作为主食或主食的一部分食用，能明显缓解糖尿病病人餐后高血糖状态，减少人体 24 小时内的血糖波动，降低空腹血糖，减少胰岛素分泌，利于糖尿病病人的血糖控制。

预防中风

研究表明，大量食用粗粮熬制的粥膳，可使患中风的危险性显著降低。粗粮包括黑面包、玉米、燕麦片、麦芽、棕色米、麸糠等；细粮食物包括甜卷、糕点、甜点心、白面包、松饼、饼干、白米、薄饼、蛋奶烘饼等，即使是每天把一份细粮食物换成粗粮，也会有助于降低患缺血性中风的危险。

选好米才能煮好粥

煮粥米是不可缺少的。常用于烹制粥膳的米包括籼米、粳米、糯米、小米、薏米等。在选购米时一定要仔细辨别，以便顺利买到优质米，煮出鲜美、好吃的粥。

常用来制作粥膳的米

粳米：米粒为椭圆形，表面光亮，透明度较高。

糯米：又叫江米、元米。米粒呈蜡白色、不透明或半透明状，熟后黏性大，不易消化吸收。

籼米：米粒为细长形或长椭圆形，色泽较白，不透明。其吸水性大，易于消化吸收。

糙米：米粒椭圆形，色泽呈黄褐色或浅褐色，不透明，煮熟后散发出香味。

小米：颗粒较小，是由粟子去壳后制成的，容易消化吸收。

薏米：又叫薏仁、药玉米，其营养丰富，并带有清新气息。

新陈米的鉴定

要挑选优质的米，我们可以从以下五步骤着手：

❶ 看：新粳米色泽呈透明玉色状，未熟粒米可见青色（俗称青腰）；新米"米眼睛"

（胚芽部）的颜色呈乳白色或淡黄色，陈米则颜色较深或呈咖啡色。

❷ 闻：新米有股浓浓的清香味，陈谷新轧的米少清香味，而存放一年以上的陈米，只有米糠味，少有清香味。

❸ 尝：优质的大米放在嘴里生吃时不会有异味，而且容易被咬碎，舌头能尝到淀粉的味道。

❹ 洗：优质的大米经温水冲洗不会产生大量杂质，而劣质米和一些经过加工"整容"后的大米冲泡后会在水中沉淀大量杂质，加入的油渍、蜡渍经水泡后也会现出原形。

❺ 抓：优质的大米被手在袋中反复抓后，可以清晰地看到袋子周围和手上有白色物质出现，这是陈米所没有的。

选好煮粥工具有门道

制作粥膳时，应尽量选择稳定性较高的器具，如不锈钢制品、陶瓷器具等。不要使用塑料器具或铝制品，因为铝制锅内壁及表面氧化层同菜肴或汤汁会发生缓慢的化学反应，烧煮酸性或碱性菜肴更为显著，烧煮食物时间越长，混进食物中的铝也就越多。为此，介绍以下几种煮粥时常用的器具。

砂锅

砂锅保温性能好，适合制作老火粥，这类粥需要长时间煲煮，通常用来煲煮一些不易煮烂的食材和药材，例如猪骨粥、人参粥等。利用砂锅的保温性能，宽汤宽水做出的老火粥，滋味浓厚、口感绵滑。

另外做粥底也要用砂锅。将大米洗净，入水泡约半小时，放入砂锅中，加入适量高汤煮沸，再转小火熬煮约1小时，直至米粒软烂黏稠。有了这晶莹饱满、稠稀适度的粥底，再加入其他食材滚熟，就成了广东人所说的生滚粥。生滚粥粥底绵滑、味道鲜香，十分可口。

但需要注意的是，砂锅最怕冷热变化，如果急速遇热或遇冷，会减少砂锅的使用寿命。煮粥时，上火前要擦干锅外的水分，然后用小火热锅，如果中途加水也要加温热水，以免炸裂。

电饭锅

用电饭锅煮粥是一种省事的好方法。电饭锅火候易掌握，且不易粘锅。电饭锅可用来煮快粥，例如北方人常煮的大米粥、小米粥等。只要按合适的比例加入米和水，按下开关就可以了，非常省事。而需要长时间煲煮的粥则不适合用电饭锅。用电饭锅煮粥，米与水的比例在1∶6左右。

需要注意的是，电饭锅的外锅内壁不可沾湿，可以将湿抹布拧干擦拭；若有饭粒掉进内锅与外锅之间的缝隙，需立即清理；蒸气口与接水槽也要定时清理；由于电饭锅内锅有不粘处理，所以不可使用钢丝来刷锅。

不锈钢锅

不锈钢锅也不适合用来长时间煲粥，而适合煮一些简单易熟的快粥，例如玉米面粥等。用不锈钢锅煮粥，要不时搅拌，以免米粒粘锅。另外人不能长时间离开，随时注意不要溢锅。

高压锅

高压锅是利用密封高压的方式，使食物在短时间内煮熟。如果熬粥的原料不易煮熟烂，又想快点喝上粥，可以选择用高压锅，例如绿豆粥、高粱米粥等。由于煮粥常用的米类和豆类食材容易吸水膨胀，所以其用量切勿超过高压锅容量的1/3。煮好粥后，不要着急拿下安全汽阀，必须静置数分钟待温度稍降后再拿下汽阀，以免粥汁从汽孔中喷溅出来。

煮好粥，有妙方

虽然清粥似有若无的清香味道也不错，但是运用一些小技巧，可以使你的清粥呈现另一种风味。

加料煮粥的方法

煮粥时要注意添加材料的顺序，遵守慢熟先放的原则。如米和中药材类应先放入熬煮，蔬菜、水果则应待粥将成时放入。此外，肉类可以加入淀粉拌匀后再放入粥中，海鲜则先汆烫一下，这样煲出来的粥看起来清而不浊。

粥要久熬

粥都要经过久熬，才能美味。煮菜粥时，应该在米粥彻底熟后，放盐、味精、鸡精等调味品，最后再放生的青菜，这样青菜的颜色不会有变化，营养也不会流失。

加盐的粥更甜

盐有一种特殊的功能就是：可以使甜的东西更加甜。煮一锅清粥，你不必去考虑熬高汤，在清粥中加入少许的盐就好了，这样的清粥不用加料也一样美味。

加橘皮更香

熬粥时，放入几片橘子皮，吃起来芳香爽口，还可起到开胃作用。

可放一个小调羹同煮

如果粥有点粘底，请千万不要用勺子拨锅底的黏皮，要不然粥会有煳味。可以放一个轻的小调羹在锅底与粥同煮，水沸腾过程中，小调羹也会被带着转动，可以防止粥粘锅底。

煮粥时底料分煮

大多数人煮粥时习惯将所有的东西一股脑全倒进锅里，百年老粥店可不这样做。粥底是粥底，料是料，分开煮的煮、焯的焯，最后再搁一块熬煮片刻，且绝不超过10分钟。这样熬出的粥品清爽不混浊，每样东西的味道都熬出来了，又不串味。特别是辅料为肉类及海鲜时，更应将粥底和辅料分开来煮。

巧用热水瓶做粥

把淘好的米放在热水瓶里（一般放热水瓶容量的1/4），然后往热水瓶里灌入开水（灌至离瓶塞10厘米左右的距离即可），把瓶塞塞好，4～5小时后就可以食用了。这种方法尤其适合赶早班的人，只要头一天晚上把米、开水放好，第二天早上起来后，倒出即可食用。

高汤煮粥最鲜美

外面粥铺里卖的粥之所以比自家煮的粥鲜美，最大的秘诀就是粥铺里的粥是用高汤煮出来的。

可以用来煮粥的高汤有猪骨高汤、鸡骨高汤、萝卜高汤等。猪骨高汤口味香醇浓郁，适合搭配肉类入粥；鸡骨高汤适合口味清淡者，适合做海鲜粥。萝卜等根茎类和海带、柴鱼等也可以熬成高汤，适合做栗子粥、鲑鱼子粥等日式风味的粥。

巧让陈米出香味

陈米淘好后，用水泡，让米粒充分吸水膨胀，上锅煮时，滴入少许食用油，煮开后用筷子搅拌几下，减小火，让陈米气味随油气蒸发，这样煮出的陈米不仅具有油光且出香，味道也会大大改善。

剩饭巧煮粥

其比例为1碗饭加4碗水。与生米煮粥不同，用剩饭煮粥千万不要搅拌过度，以免整锅粥太过稠烂。

煮粥禁忌要清楚

淘洗次数不可过多

米的营养成分比较丰富，但许多营养物质在淘米中特别容易流失掉。米中的维生素和无机盐很容易溶于水，如果淘米时间长，或用力搓，就会使米的表层营养丧失。另外，淘完米后要马上下锅煮，否则泡久了，米中大部分的核黄素等营养成分会损失掉，蛋白质、脂肪也有不同程度的损失。因此淘米时一定要注意：不要用流水和热水淘洗，不要用力搓或用力搅拌，淘米前也不要用水浸泡米。淘米时只要去掉沙砾即可。

不宜放碱

有的人熬粥或煮豆时，喜欢放少量碱，认为这样煮出来的粥香甜浓稠。其实从饮食学角度来说，这样是不科学的。因为放碱和米、豆一起熬煮，会破坏米、豆中的营养物质。

煮八宝粥忌加矾

要知道加矾后的八宝粥不但口味变涩，八宝粥也会失去原来清香适口的风味，而且使八宝粥中的部分营养物质遭到破坏。另外，矾在水溶液中受热后，便能产生二氧化硫和三氧化硫等有害物质。因此，煮八宝粥时忌加矾。

黑米忌不煮烂

黑米具有很高的营养价值和保健功效，它富含17种氨基酸，14种人体必需的微量元素及多种维生素。但是，由于黑米的外部被一层坚韧的硬皮包裹，很不容易煮烂，这样黑米中大部分营养成分不能溶出，食用后很容易引起肠胃炎，如果事先将黑米在水中浸泡一夜再煮的话，营养将更易被人体吸收。

【喝粥有讲究】

粥膳在一天三餐中均可食用，但最佳的时间是早晨。因为早晨脾困顿、呆滞，胃津不濡润，常会出现胃口不好、食欲不佳的情况。此时若服食清淡粥膳，能生津利肠、濡润胃气、启动脾运、利于消化。另外，也可选择在晚上喝粥，这样也能调剂胃口。

在饮用粥膳时，应注意以下事项：

五谷杂粮粥不宜过量食用

如过量食用五谷杂粮粥膳，会有腹胀的情况发生，糯米类也会引起消化不良；而豆类一次食用过多，也会引起消化不良。

宜用胡椒粉去粥的腥味

在用鱼、虾等水产品制作粥膳时，难免会产生腥味，这时如果在粥中加入胡椒粉，不仅可以去掉腥味，还能使粥更加鲜美。

不宜食用太烫的粥

常喝太烫的粥，会刺激食道，不仅会损伤食道黏膜，还会引起食道发炎，造成黏膜坏死，时间长了，可能还会诱发食道癌。

生鱼粥不宜常食

生鱼粥就是把生鱼肉切成薄片，配以热粥服食，这种吃法常见于南方。生鱼粥多用鲤鱼的鳞片或肉片，这些生鱼肉中可能潜伏着对人体有害的寄生虫，人食用后，寄生虫就会进入人体，由肠内逆流而上至胆管，寄生在肝胆部位，会引发胆囊发炎或导致肝硬化。

孕妇不宜食用薏米粥

孕妇不宜食用薏米粥。因为薏米中的薏仁油有收缩子宫的作用，故孕妇应慎食。

胃肠病患者忌食稀粥

胃肠病患者胃肠功能较差，不宜经常食用稀粥。因为稀粥中水分较多，进入胃肠后，容易稀释消化液、唾液和胃液，从而影响胃肠的消化功能。另外，稀粥易使人感到腹部膨胀。

大米

◎性平，味甘，归脾胃经。

营养成分表

大米所含的营养素
（每100克）

人体必需的营养素

热量	1442 千焦
蛋白质	7.7 克
脂肪	0.6 克
碳水化合物	77.4 克
膳食纤维	0.6 克

维生素

B_1（硫胺素）	0.16 毫克
B_2（核黄素）	0.08 毫克
烟酸（尼克酸）	1.3 毫克
E	1.01 毫克

矿物质

钙	11 毫克
锌	1.45 毫克
钠	2.4 毫克
钾	97 毫克
锰	1.36 毫克

养生功效

大米有补中益气、健脾养胃、润燥清肺、和五脏、通四脉等功效。可刺激胃液的分泌，有助于消化，补充人体所需多种营养成分。

养生宜忌

一般人均可食用，尤其适宜久病初愈者、产后女性、老年人、婴幼儿、消化力减弱者，可将大米煮成稀粥或米饭调养食用。但因大米含有较高的糖分，所以糖尿病患者不宜多食。

选购要点

挑选大米时要认真观察米粒颜色，表面呈灰粉状或有白道沟纹的米是陈大米，其量越多说明大米越陈。同时，要捧起大米闻一闻气味是否正常，如有霉味说明是陈大米。

◎怎么吃最科学◎

1. 大米做成粥更易于消化吸收。大米煮粥时不可放碱，因为碱会破坏大米中的维生素 B_1，人体如缺乏维生素 B_1，会出现"脚气病"。

2. 淘洗大米时不要用手搓，忌长时间浸泡或用热水淘米，否则会造成维生素的大量流失。

3. 用大米制作米饭时一定要"蒸"，不要"捞"，因为捞饭会损失掉大量维生素。

特别提示

大米煮粥时，汤面上会有一层油，叫米油。米油能补虚，老幼皆宜，尤其适合病后以及产后身体虚弱的人食用，做粥的时候不要撇掉。

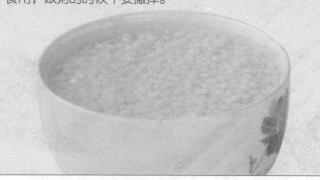

大米栗子粥

材 料：大米 200 克，鲜栗子 100 克，白砂糖适量，葱花少许。

做 法：

1. 将大米淘净，备用；将栗子洗净，用刀切开，备用。

2. 将栗子放入锅中，加入适量清水，水烧开后取出，剥去外壳，把栗子肉切成丁块。

3. 将大米和栗子入锅，加水适量。大火烧开后，再以小火煮至栗子酥烂，粥汤稠浓，加糖搅拌，撒上葱花即成。

> **功效**：此粥具有健运脾胃、增进食欲、补肾强筋骨的功效，尤其适合脾胃不佳、食欲不振或者老年人和消化功能退化的人食用。

皮蛋瘦肉粥

材 料：大米 120 克，猪里脊 60 克，皮蛋 1 个，姜一小块，香葱 1 根，香油 3 毫升，盐 5 克。

做 法：

1. 将大米淘洗干净，放入水中，倒入香油搅匀后，浸泡 30 分钟；姜去皮切成细丝，香葱切碎；将肉洗干净，先切丝，然后切成小颗粒，放入碗中，加入 2 克盐，搅匀后腌制 20 分钟；皮蛋切成小块。

2. 锅置火上，倒入适量清水，大火煮开后，先将肉粒倒入煮一会儿。当水面有浮沫时，用勺子彻底撇干净。

3. 倒入一半的皮蛋块和姜丝，稍加搅拌，煮约 2 分钟。

4. 倒入浸泡后的米，改成小火煮成粥，期间每隔 5 分钟用勺子沿同一方向搅拌一次，以免皮蛋粘锅底。

5. 将剩下的一半皮蛋倒入，继续煮 10 分钟即可，食用前调入剩余的盐和碎香葱。

> **功效**：此粥营养丰富，可以提振胃口、促进食欲，也可养阴止血、润肺、止泻。

大米银耳粥

材料：大米100克，银耳5克，冰糖适量。

做法：

1. 将大米洗净，备用；银耳用温水泡发，去杂、洗净，撕成小片；大米洗净。

2. 将准备好的大米和银耳一起下锅，放入适量水，大火煮沸，改为小火煮约30分钟。

3. 依个人口味加入适量冰糖，煮至成粥即可出锅。

功效：此粥对肺热胃炎、大便秘结、老人慢性支气管炎等病症有一定疗效，还有一定抗癌作用，可强精补肾、补脑提神、美容健肤、延年益寿。

大米茅根冰糖粥

材料：鲜白茅根适量，粳米100克，枸杞适量，冰糖10克。

做法：

1. 将粳米泡发洗净；白茅根洗净，切段。

2. 锅置火上，倒入清水，放入大米，以大火煮至米粒开花。

3. 加入白茅根煮至浓稠状，调入冰糖煮溶，撒上枸杞即可。

功效：此粥有凉血益血、清热降压的作用。

黄米

◎性微寒，味甘，归肺经、大肠经。

营养成分表

黄米所含的营养素
（每100克）

人体必需的营养素

热量	1469 千焦
蛋白质	9.7 克
脂肪	1.5 克
碳水化合物	76.9 克
膳食纤维	4.4 克

维生素

B₁（硫胺素）	0.09 毫克
B₂（核黄素）	0.13 毫克
烟酸（尼克酸）	1.3 毫克
E	4.61 毫克

矿物质

锌	2.07 毫克
钠	3.3 毫克
铜	0.90 毫克
锰	0.23 毫克

养生功效

黄米富含蛋白质、碳水化合物、B 族维生素、维生素 E、锌、铜、锰等营养元素，中医认为其可和胃安眠，益脾止泻，具有益阴、利肺、利大肠之功效。

养生宜忌

体弱多病，面生疗疮，阳盛阴虚，失眠多梦，久泄胃弱，疗冻疮、疥疮、毒热、毒肿者均宜食用；身体燥热者禁食。

选购要点

1. 看：观察其颜色，一般陈米或劣质米颜色暗黄且有黑斑。

2. 摸：优质的黄米摸起来有玻璃珠般圆滑的感觉，而陈米摸在手上很糙，油米则又腻又油，经过石蜡处理的劣质米摸起来有粘手感。

◎怎么吃最科学◎

1. 黄米可以直接熬粥，作为胃气不和、失眠等症的食疗食材。

2. 可磨成面，做成炸糕食用，黄米面炸糕是北京传统的风味小吃，其色泽金黄，表皮焦脆，质地黏软可口，馅料甜美细润。

3. 可磨成面，做成黄米面馒头或黏豆包等主食，营养均衡，口味独特。

特别提示

黄米较小米来说营养价值更高，但两者外表相似度很高，在选购的时候一定要注意区分，避免混淆。一般来说，黄米比小米颗粒要大，而且黄米具有一定的糯性，小米则没有。

黄米海参粥

材 料：黄米 200 克，水发海参 1 个，小葱、嫩姜、香油各少许。

做 法：

1. 将黄米淘洗干净，浸泡在碗里；将发好的海参切成片，备用；葱切丁、姜切丝，备用。

2. 锅中放入适量清水，煮开之后将小米倒入，待煮沸之后，将切好的海参放入锅中。大火煮滚后再煮五分钟，其间用勺子不断搅拌，避免粘锅。

3. 改为小火，加入姜丝，其间不要打开锅盖，煮约 25 分钟之后再开锅，加入少许盐以及白胡椒粉，稍加搅拌，然后滴几滴香油，撒上葱花调味，即可食用。

功效：海参具有补肾益精、养血润燥的功效，配搭安神和胃的小黄米做成咸味粥，可滋阴解渴、缓解疲劳、健胃宽畅、养颜润肤，并可以有效预防感冒。

黄米苹果葡萄粥

材 料：黄米 100 克，苹果半个，葡萄干 20 粒，冰糖适量。

做 法：

1. 将黄米洗净；葡萄干洗净、沥干水分；苹果去皮、去核，洗净、切块，泡入水中防氧化。

2. 锅中加入适量的水，放入黄米，大火烧开后，改小火慢熬。

3. 熬出米香，依次加入葡萄干、苹果块、冰糖，继续熬 15 分钟即可。

功效：此粥味道清新，营养丰富，热量低，具有益阴、利肺、利大肠之功效。

营养成分表

黑米所含的营养素
（每100克）

人体必需的营养素

热量	1427 千焦
蛋白质	9.4 克
脂肪	2.5 克
碳水化合物	72.2 克
膳食纤维	3.9 克

维生素

B₁（硫胺素）	0.33 毫克
B₂（核黄素）	0.13 毫克
烟酸（尼克酸）	7.9 毫克
E	0.22 毫克

矿物质

钙	12 毫克
锌	3.8 毫克
钠	7.1 毫克
钾	256 毫克
锰	1.72 毫克

养生功效

黑米含有人体需要的多种矿物质，如锰、锌等，具有抗衰老的功效。中医认为，黑米可开胃益中、健脾活血、明目。

养生宜忌

一般人均可食用黑米，尤其适合产后血虚、病后体虚者或贫血者、肾虚者、年少须发早白者食用。但因其不好消化，所以脾胃虚弱者、小儿与老年人不宜食用。

选购要点

1. 优质黑米有光泽，米粒大小均匀，不含杂质，很少有碎米，无虫；劣质黑米的色泽暗淡，米粒大小不匀，饱满度差，碎米多，有虫，有结块等。

2. 黑米的黑色集中在皮层，胚乳仍为白色，而普通大米的米心是透明的，没有颜色。用大米染成的黑米，外表虽然比较均匀，但染料的颜色会渗透到米心里去。

3. 可以先买回少量，用清水浸泡。正常黑米的泡米水是紫红色，稀释以后也是紫红色或偏近红色。如果泡出的水像墨汁一样，经稀释以后还是黑色，这就是假黑米。

◎怎么吃最科学◎

1. 黑米可以用来煮粥，米汤色黑如墨，喝到口里有一股淡淡的药味，特别爽口合胃，可以作为头晕目眩、腰膝酸软等症的食疗方。注意的是，由于黑米不易煮熟，所以煮粥前先浸泡，使其充分吸收水分，而且泡米用的水要与米同煮，以保存其中的营养成分。

2. 黑米可以做成点心、汤圆、粽子、面包等，营养丰富，软糯适口，有很好的滋补作用。

特别提示

黑米外部有坚韧的种皮包裹，不易煮烂，若不煮烂其营养成分未溶出，多食后易引起急性肠胃炎，因此应先浸泡一夜再煮。

黑米莲子粥

材料：黑米 150 克，莲子 30 克，冰糖适量。

做法：

1. 将黑米和莲子分别洗净，浸泡三四个小时。
2. 锅置火上，放入适量的水，将泡好的黑米和莲子一起放入锅中，先大火煮开，再用小火慢慢熬熟。
3. 煮至粥将成时，加入冰糖调味，即可食用。

功效：此粥酥烂清香，粥稠味甜，能滋阴养心、补肾健脾，适合孕妇、老人、病后体虚者食用，健康人食之可增强防病能力。

黑米燕麦粥

材料：黑米 100 克，燕麦片 50 克。

做法：

1. 将黑米洗净，放入水中浸泡一夜。
2. 将黑米连同泡米水一起放入高压锅，上汽 10 分钟。
3. 开锅后，加入麦片，煮约 5 分钟，即可食用。

功效：此粥营养丰富，热量低，有助于控制血糖浓度，适合减肥人士和高血糖患者食用。

黑米花生大枣粥

材料：黑米 100 克，大枣 10 枚，红衣花生米 20 克，白糖适量。

做法：

1. 将黑米洗净，浸泡 3 小时左右；大枣洗净、去核，对半切开；花生米洗净。
2. 锅置火上，加入适量的清水，将准备好的黑米、大枣、花生米一同放入锅中。
3. 大火煮开后，改为小火熬制，待粥将成时，加入适量白糖，搅拌调味，即可食用。

功效：此粥具有滋阴补肾、养血止血的功效。

糯米

◎性温，味甘，归脾、胃、肺经。

营养成分表

糯米所含的营养素
（每100克）

人体必需的营养素

人体必需的营养素	
热量	1464 千焦
蛋白质	7.3 克
脂肪	1.0 克
碳水化合物	78.3 克
膳食纤维	0.8 克
维生素	
B₁	0.11 毫克
B₂	0.04 毫克
烟酸（尼克酸）	2.3 毫克
E	1.29 毫克
矿物质	
钙	26 毫克
锌	1.54 毫克
钠	1.5 毫克
钾	137 毫克
锰	1.54 毫克

养生功效

糯米含有丰富的蛋白质、脂肪、糖类、钙、锌、维生素 B₁、维生素 B₂ 等营养物质，中医认为其具有补中益气、健脾养胃、止虚汗的功效，可缓解食欲不佳、腹胀腹泻。

养生宜忌

糯米年糕无论甜咸，其碳水化合物和钠的含量都很高，因此糖尿病、肥胖、高血脂、肾脏病患者尽量少吃或不吃；老人、儿童、病人等胃肠消化功能障碍者不宜食用。

选购要点

购买糯米时，宜选择乳白或蜡白色、不透明，形状为长椭圆形，较细长，硬度较小的为佳。

◎怎么吃最科学◎

1. 糯米适宜煮成稀薄粥，这样不仅营养丰富，有益滋补，且极易消化吸收，可补养胃气。

2. 糯米可制成酒，用于滋补健身和治病。

特别提示

糯米宜加热后食用，因为冷糯米食品不但很硬，口感也不好，更不宜消化。

糯米鲫鱼粥

材料: 糯米60克，鲫鱼1条（250克左右），葱白、生姜适量，藕粉5克，精盐5克。

做法:

1. 将鲫鱼去鳞、鳃及内脏，清洗干净；糯米洗净用水泡1小时左右。

2. 将鲫鱼和糯米一起放入锅中，加入适量的水，大火烧沸后改用小火煨至烂熟。

3. 生姜和葱白切成碎末，加入锅内，注意姜的放入量不要太多，3～5克为宜，煮沸5分钟。

4. 加入藕粉、精盐，搅拌，稍煮即成。

> **功效**: 此粥补中益气，健脾和胃，对胃炎有防治功效。

糯米虾仁韭菜粥

材料：糯米50克，虾仁35克，韭菜30克，植物油、料酒、生抽、鸡精、食盐各适量。

做法：

1. 将糯米洗净、浸泡1小时，韭菜洗净、切为1厘米左右的小段，虾仁洗净。

2. 在锅内放入适量的清水，放入糯米，大火煮开后用小火继续煮40分钟。

3. 放入虾仁，加适量料酒和植物油，中火煮开。

4. 放入切好的韭菜，稍煮两分钟，放入食盐、生抽、鸡精调味即成。

> **功效**：此粥鲜香可口，营养丰富，可作为背寒体虚、腰膝酸冷者的食疗佳品。

糯米香芹粥

材料：糯米150克，香芹1小把。

做法：

1. 将糯米洗净、浸泡1小时左右，香芹洗净切成小段。

2. 在锅内加入适量清水，放入糯米，大火煮沸后改用小火继续煮至米粒软烂。

3. 加入香芹段，搅拌，大火煮沸后即可食用。

> **功效**：此粥具有清热平肝、健胃通气、清凉消肿、清新口气的效果。

高粱米

◎性温，味甘、涩，归脾、胃经。

营养成分表

高粱米所含的营养素
（每100克）

人体必需的营养素	
热量	1505 千焦
蛋白质	10.4 克
脂肪	3.1 克
碳水化合物	74.7 克
膳食纤维	4.3 克
维生素	
B₁（硫胺素）	0.29 毫克
B₂（核黄素）	0.10 毫克
烟酸（尼克酸）	1.6 毫克
E	1.88 毫克
矿物质	
钙	22 毫克
锌	1.64 毫克
钠	6.3 毫克
钾	281 毫克
锰	1.22 毫克

养生功效

高粱米含有丰富的养分，如糖分、矿物质和维生素等，中医认为其具有温中养胃、健脾止泻的功效，可用于治疗消化不良、小便不利等症。另外，高粱米的烟酸含量虽不如玉米多，但能为人体所吸收，以高粱米为主食的地区很少发生"癞皮病"。

养生宜忌

一般人皆可食用，尤适宜消化不良、脾胃气虚、大便溏薄的人食用。但由于高粱米含糖量高，糖尿病患者应该避免食用，同时大便燥结以及便秘者应少食或不食高粱米。

选购要点

颗粒整齐，富有光泽，干燥无虫，无沙粒，碎米极少，闻之有清香味的是优质高粱米。质量不佳的高粱米则颜色发暗，碎米多，潮湿有霉味，不宜选购。

◎怎么吃最科学◎

1. 高粱米可以直接煮成粥，或搭配其他食材一起煮粥食用，可以起到温中理气的效果。

2. 高粱米可磨成面后再加工成其他食品，如黏糕、面条、煎饼等，花样繁多，可多样化选择。

3. 高粱米可以加工成淀粉，还可酿酒、制糖等，均有一定食用价值。

特别提示

在煮高粱米的时候，一定要将其煮烂，以免影响消化。

高粱米薏米车前草粥

材料: 高粱米 50 克, 薏米 20 克, 车前草 15 克。

做法:

1. 将高粱米、薏米分别淘洗干净, 浸泡 1 小时左右; 车前草处理干净, 备用。

2. 锅内加入稍多一些的清水, 大火煮沸后, 将三者一起加入。

3. 大火煮开后, 改为小火熬至高粱米软烂, 即可食用。

> **功效**: 此粥具有益脾涩肠、利尿除湿的功效, 可用于脾虚湿盛、泻下稀水、小便短少者的食疗。

高粱米花生仁粥

材料: 高粱米 100 克, 花生仁 50 克, 冰糖适量。

做法:

1. 将高粱米洗净、沥干水分, 备用; 花生仁洗净、沥干水分, 放在烤箱内烤熟、取出脱皮, 用刀用力压碎。

2. 锅中加入适量水, 大火烧开, 加入高粱米, 大火烧开, 转小火煮至米烂开花。

3. 加入压碎的烤花生, 继续煮 10 分钟左右, 加入适量冰糖, 煮至冰糖溶化, 即可食用。

> **功效**: 此粥具有补血益气、健脾养胃的功效。

高粱米紫薯粥

材料：高粱米 50 克，紫薯 150 克。

做法：

①高粱米洗净、浸泡 1 小时左右；紫薯上锅蒸熟，剥皮，在碗内捣成泥。

②锅置火上，加入适量的清水，放入高粱米，大火煮至锅开后，改为小火，继续煮 30 分钟左右。

③加入紫薯泥，适当搅拌，煮至高粱米软烂即可。

功效：此粥色泽鲜艳，味道爽口，具有温中养胃、抗氧化等作用。

高粱米羊肉萝卜粥

材料：高粱米 150 克，瘦羊肉 500 克，白萝卜 50 克，羊肉汤 2000 克，陈皮、大葱、姜各少许，黄酒、五香粉、盐、香油各适量。

做法：

①将高粱米洗净，备用；羊肉洗净、切薄片；白萝卜洗净、切丁，备用；陈皮、大葱、姜分别洗净、切末备用。

②将准备好的羊肉汤倒入锅中，接着放入羊肉片、陈皮末和适量的黄酒以及五香粉，大火煮开后，改为小火煮至羊肉碎烂。

③加入高粱米和白萝卜丁，一同煮成粥。

④加入葱末、姜末、食盐和香油调味，关火，即可食用。

功效：此粥具有补中益气、安心止惊、开胃消谷的功效。

小米

◎ 性凉，味甘咸，归肾、脾、胃经。

营养成分表

小米所含的营养素（每100克）

人体必需的营养素

热量	1511千焦
蛋白质	9.0克
脂肪	3.1克
碳水化合物	75.1克
膳食纤维	1.6克

维生素

B₁（硫胺素）	0.33毫克
B₂（核黄素）	0.10毫克
烟酸（尼克酸）	1.5毫克
E	3.63毫克

矿物质

钙	41毫克
锌	1.87毫克
钠	4.3毫克
钾	284毫克
锰	0.89毫克

养生功效

小米含有多种维生素、氨基酸、脂肪、纤维素和碳水化合物，还含有一般粮食中不含的胡萝卜素，营养价值非常高。中医认为其有滋阴益肾、健脾养胃、补血安眠等功效。

养生宜忌

一般人均可食用，尤其适宜老人、病人、产妇食用，滋补效果较佳。但平素体虚寒、小便清长者应少食，气滞者忌用。

选购要点

1. 优质小米闻起来有清香味，无其他异味。严重变质的小米，手捻易成粉状，碎米多，闻起来微有霉变味、酸臭味或其他不正常的气味。

2. 取少量小米放于软白纸上，用嘴哈气使其润湿，然后用纸捻搓小米数次，观察纸上是否有轻微的黄色，如有黄色，说明其中染有黄色素。

3. 优质小米尝起来味微甜，无异味，若尝起来味苦，或有其他不良滋味，均为劣质小米。

◎怎么吃最科学◎

1. 小米的氨基酸中缺乏赖氨酸，而大豆的氨基酸中富含赖氨酸，可以补充小米的不足，所以小米宜与大豆或肉类食物混合食用。

2. 小米可蒸饭、煮粥，磨成粉后可单独或与其他面粉掺和制作饼、窝头、丝糕、发糕等，糯性小米也可酿酒、酿醋、制糖等。

3. 煮小米粥不宜太稀薄；淘米时不要用手搓，忌长时间浸泡或用热水淘米。

特别提示

小米的蛋白质营养价值并不比大米更好，因为小米蛋白质的氨基酸组成并不理想，赖氨酸过低而亮氨酸又过高，所以不能完全以小米为主食，应注意搭配，以免缺乏其他营养。

小米南瓜粥

材料：小米100克，南瓜300克。

做法：

1. 将小米洗净；南瓜去皮、去瓤，洗净，切成小块，备用。2. 锅置火上，加入适量的水，将洗好的小米和准备好的南瓜块一起放入锅中。3. 大火煮开后，改为小火，煮至南瓜块软烂、小米开花，即可食用。

功效：此粥味道甜美，营养丰富，有助于消化，尤其适宜1～3岁儿童或老年人食用。

小米双豆粥

材料：小米100克，红豆、绿豆各25克。

做法：

1. 将三者分别洗净、沥干水分，备用。2. 在电压力锅内放入适量的水，将准备好的食材一起放入锅中，按下煮粥键。3. 电压力锅工作完毕后，止压阀自动落下，即可盛碗食用。

功效：此粥味道香甜，小米和豆类搭配食用，可互补营养，口感极佳。

小米海参蔬菜粥

材料：小米100克，水发海参100克，青菜25克，玉米油、盐、白胡椒面各适量。

做法：

1. 将小米洗净；海参洗净、切成小条；青菜洗净、切小段。2. 锅里烧开水，滴几滴玉米油，放入准备好的小米和切好的海参条，轻轻搅匀，盖上锅盖，小火慢熬。3. 熬至粥黏稠，将青菜放入，稍煮片刻。4. 加入适量的白胡椒粉、食盐，搅匀即可食用。

功效：此粥易于消化，具有养血生血的功效。

玉米

◎性平，味甘，归胃、膀胱经。

营养成分表

玉米所含的营养素
（每100克）

人体必需的营养素

热量	1457 千焦
蛋白质	8.7 克
脂肪	3.8 克
碳水化合物	73.0 克
膳食纤维	6.4 克

维生素

B₁（硫胺素）	0.21 毫克
B₂（核黄素）	0.13 毫克
烟酸（尼克酸）	1.5 毫克
E	3.89 毫克

矿物质

钙	14 毫克
锌	1.7 毫克
钠	2.5 毫克
钾	262 毫克
锰	0.48 毫克

养生功效

玉米胚尖所含的营养物质有增强人体新陈代谢、调整神经系统功能，可起到使皮肤细嫩光滑，抑制、延缓皱纹产生等作用，对长痘的肌肤有相应的调节作用。中医认为，玉米具有健脾益胃、利水除湿、利胆明目等功效。

养生宜忌

一般人均可食用玉米，尤其适宜食欲不振、水肿、气血不足、"三高"、动脉硬化、尿道感染、胆结石等患者食用。但患有干燥综合征、糖尿病、更年期综合征且属阴虚火旺之人不宜食用爆玉米花，否则易助火伤阴。

选购要点

1. 购买生玉米时，以挑选七八成熟的为好，玉米洗净煮食时最好连汤也喝下，若连同玉米须和两层绿叶同煮，则降压等保健效果更为显著。

2. 尽量选择新鲜玉米，其次可以考虑冷冻玉米，选购冷冻玉米时一定要注意保存期限。

3. 选购玉米面时，可以抓一小把玉米面，放在手中反复捻搓，然后将手打开，让玉米面滑落，待其落光后，双手心若沾满细粉面状或浅黄或深黄的东西，即是掺兑的颜料。

◎怎么吃最科学◎

1. 玉米可以直接煮食。煮玉米时，在水开后往里面加少许盐，这样能强化玉米的口感，吃起来有丝丝甜味。还可以在煮玉米时，往水里加一点儿小苏打，有助于玉米中的烟酸充分释放出来，营养价值更高。

2. 玉米可以搭配其他食物做成汤，或单独做成菜，如松仁玉米，口味独特。也可以磨成面，做成窝头、玉米饼等主食，营养丰富。

3. 可以加工成爆米花或其他膨化食品，可丰富口感，作为日常零食食用。

特别提示

受潮的玉米会产生致癌物黄曲霉毒素，不宜食用。

玉米山药粥

材 料：黄玉米面150克，山药200克，冰糖10克。

做 法：

1. 将山药洗净，切成小段，上笼蒸熟，剥去外皮；玉米面用开水调成厚糊。2. 锅置火上，加入约2000毫升的清水，用大火烧沸。
3. 用筷子将玉米糊慢慢拨入锅中，改为小火熬煮10分钟，加入准备好的山药丁，同煮成粥。4. 加入冰糖调味，即可食用。

功效：此粥可作为胃炎患者的食疗食品。

玉米鸡丝粥

材 料：大米200克，鸡肉100克，青豆30克，嫩玉米粒50克，盐6克，料酒适量。

做 法：

1. 将大米洗净；鸡肉洗净、切丝，加入适量料酒，腌制10分钟左右；青豆、嫩玉米粒分别洗净、沥干水分。2. 将大米用冷水下锅，大火煮沸后，加入洗好的玉米和青豆。3. 待玉米和青豆熟了之后，放入切好的鸡肉丝，煮至鸡肉丝变白，放入盐，适当搅拌即可。

功效：此粥适宜畏寒怕冷、营养不良的人食用。

玉米香蕉粥

材 料：香蕉、玉米粒、豌豆各适量，大米80克，冰糖12克。

做 法：

1. 将大米洗净，沥干水分；香蕉去皮，切片；玉米粒、豌豆洗净。2. 锅置火上，加入适量清水，放入大米，用大火煮至米粒绽开。
3. 放入香蕉片、玉米粒、豌豆、冰糖，用小火煮至能闻见粥的香味时即可食用。

功效：此粥可排毒瘦身。

薏米

营养成分表

薏米所含的营养素
（每100克）

人体必需的营养素

热量	1512 千焦
蛋白质	12.8 克
脂肪	3.3 克
碳水化合物	71.1 克
膳食纤维	2.0 克

维生素

B_1（硫胺素）	0.22 毫克
B_2（核黄素）	0.15 毫克
烟酸（尼克酸）	2.0 毫克
E	2.08 毫克

矿物质

钙	42 毫克
锌	1.68 毫克
钠	3.6 毫克
钾	238 毫克
锰	1.37 毫克

养生功效

薏米既是一种美味的食物，也是一味常用的利尿渗湿药，中医认为其有利水消肿、健脾去湿、舒筋除痹、清热排脓等功效。现代医学研究表明，薏米富含淀粉、蛋白质、多种维生素及人体所需的多种氨基酸，是一种美容食品，常食可以保持人体皮肤光泽细腻，消除粉刺、雀斑、老年斑、妊娠斑等。

养生宜忌

薏米是一种很好的养生食品，健康人常吃薏米，能使身体轻捷，减少肿瘤发病概率。还可以作为各种癌症患者、关节炎、急慢性肾炎水肿、脚气病水肿者、疣赘、青年性扁平疣、寻常性赘疣、传染性软疣或其他问题肌肤者的食疗方。但因其性寒凉，女性怀孕早期应忌食。另外，汗少、便秘、大便燥结者也不宜食用；津液不足者要慎食。

选购要点

新鲜的薏米有一股类似稻谷的清香味或者天然的植物气味，反之，如果有其他任何异味，就可能是陈薏米或者是化学药品熏制的，需要谨慎购买。

◎怎么吃最科学◎

冬天用薏米炖猪脚、排骨和鸡，是一种滋补食品。夏天可以用薏米煮粥或做冷饮冰薏米，又是很好的消暑健身的清补剂。

特别提示

薏米性寒，长期大量单独食用，会导致肾阳虚，体质下降，抵抗力降低，严重会导致不育不孕，一般食用周期不要超过1周。

薏米红豆粥

材 料：薏米 80 克，红豆 50 克。

做 法：

1. 将薏米和红豆分别洗净，放入水中浸泡 3 小时左右。

2. 在高压锅中放入适量的水，放入浸泡好的薏米和红豆，用大火煮开。

3. 高压锅上气后用最小火煲 20 分钟，关火自然排汽即可。

功效：此粥具有利肠胃、消水肿、补心、健脾的功效，久服可轻身益气。

薏米牛肚粥

材 料：薏米 100 克，牛肚 200 克，瘦肉 50 克，生姜 3 片，食盐适量。

做 法：

1. 将薏米洗净，放入水中浸泡 3 个小时左右；牛肚用热水浸泡、刮去黑衣、切小块、洗净；瘦肉洗净、切小块。

2. 锅置火上，加入约 2000 毫升的清水，将准备好的薏米、牛肚块、瘦肉块和生姜片一起放入锅中。

3. 大火煮开后，改为小火煲约 1.5 小时，加入适量食盐，稍加搅拌，即可食用。

功效：此粥有补中益气、解毒、健脾利水、益胃生津的功效，尤其适宜于病后体虚、气血不足、营养不良和脾胃薄弱者食用。

薏米冬瓜粥

材料：薏米50克，冬瓜25克。

做法：

1. 将薏米洗净、放入水中浸泡3小时左右，冬瓜去皮洗净、切成小丁。

2. 锅置火上，加入适量的清水，将薏米放入锅内，大火烧开后，改为小火熬粥。

3. 粥体黏稠后，加入切好的冬瓜丁，稍加搅拌，再煮10分钟，即可盛碗食用。

功效：此粥具有清热解毒、健脾补肺、美容养颜、利水祛湿的功效。

薏米扁豆粥

材料：薏米50克，炒扁豆20克，山楂20克，红糖适量。

做法：

1. 将薏米洗净、放入水中浸泡3小时左右；扁豆洗净；山楂洗净去核，对半切开。

2. 锅置火上，加入适量的水，将准备好的三样食材一起放入锅中，熬制成粥。

3. 煮至粥将成时，加入适量的红糖调味，即可食用。

功效：此款粥具有健脾、清暑利湿等功效，夏天食用可预防中暑。

紫米

◎性温，味甘，归脾、胃、肺经。

营养成分表

紫米所含的营养素
（每100克）

人体必需的营养素	
热量	1448 千焦
蛋白质	8.3 克
脂肪	1.7 克
碳水化合物	75.1 克
膳食纤维	1.4 克
维生素	
B₁（硫胺素）	0.31 毫克
B₂（核黄素）	0.12 毫克
烟酸（尼克酸）	4.2 毫克
E	1.36 毫克
矿物质	
钙	13 毫克
锌	2.16 毫克
钠	4.0 毫克
钾	219 毫克
锰	2.37 毫克

养生功效

紫米富含蛋白质、氨基酸、淀粉、粗纤维、钠、钙、锌、锰等微量元素。《本草纲目》记载：紫米有滋阴补肾、健脾暖肝、明目活血等作用。

养生宜忌

紫米氨基酸含量丰富，一般人均可食用，尤其适合儿童和老年人及孕妇补充营养需要，但神经性疾病患者不宜食用紫米。

选购要点

1. 纯正的墨江紫米米粒细长，颗粒饱满均匀。

2. 外观色泽呈紫白色或紫白色夹小紫色块，用水洗涤，水色呈黑色（实际是紫色）。

3. 用手抓取，易在手指中留有紫黑色。用指甲刮除米粒上的色块后米粒仍然呈紫白色。

4. 纯正的紫米煮熟后晶莹、透亮，糯性强（有黏性），蒸制后能使断米复续。入口香甜细腻，口感好。

特别提示

紫米富含纯天然营养色素和色氨酸，下水清洗或浸泡会出现掉色现象（营养流失），因此不宜用力搓洗，浸泡后的水（红色）请随同紫米一起蒸煮食用，不要倒掉。

◎怎么吃最科学◎

1. 可与大米搭配蒸或煮，按 1∶3 的比例掺和（即四分之一的紫米与四分之三的白米），用高压锅煮饭30分钟，香气扑鼻，口感极佳。

2. 紫米与糯米按 2∶1 的比例掺和熬成粥，清香怡人，黏稠爽口，亦可根据个人喜好加入适量黑豆、花生、红枣等，风味甚佳。

3. 还可以制作炖排骨、粽子、米粉粑、点心、汤圆、粽子、面包、紫米酒等。

紫米大枣核桃粥

材 料：紫米 100 克，大米 50 克，核桃仁 50 克，大枣 10 枚，冰糖 10 克。

做 法：

① 将大米和紫米分别淘洗干净，用冷水浸泡 3 小时左右；大枣洗净、去核、对半切开。
② 将泡好的紫米和大米冷水入锅，大火煮至水开，转为小火。③ 加入准备好的核桃仁和切好的大枣，以小火继续熬煮。④ 煮至粥将成时，加入冰糖，煮至其溶化，即可关火，盛碗食用。

功效：此粥有健脑、增强记忆力的功效。

紫米裙带粥

材 料：紫米 50 克，大米 80 克，小米 50 克，裙带菜 100 克，姜 3 片。

做 法：

① 将大米、紫米和小米分别淘洗干净，浸泡 2 小时左右；裙带菜放到清水里泡开，切成小段。② 将三种米同冷水一起加入锅中，放入准备好的生姜片，大火烧开后，转为小火，用小火熬煮半个小时左右。③ 将准备好的裙带菜加入粥里，小火继续熬煮 10 分钟左右即可。

功效：此粥具有补血益气、健肾润肝的功效。

紫米桂圆粥

材 料：紫米 100 克，桂圆干 20 克，大枣干 20 克，红糖 20 克。

做 法：

① 将紫米洗净，放入清水中浸泡 3 小时左右；桂圆干、大枣干洗净，沥干水分。② 将紫米、桂圆干、大枣干一起放入锅中，加水大火煮开后，改为小火熬制。③ 煮至粥将成时，加入红糖，适当搅拌，即可食用。

功效：此粥味道清淡，热量较低，有养血补血、益气养颜的功效。

大麦

◎性温、寒，味甘、咸，无毒，归脾、胃经。

营养成分表

大麦所含的营养素
（每100克）

人体必需的营养素	
热量	1367 千焦
蛋白质	10.2 克
脂肪	1.4 克
碳水化合物	73.3 克
膳食纤维	9.9 克
维生素	
B₁（硫胺素）	0.43 毫克
B₂（核黄素）	0.14 毫克
烟酸（尼克酸）	3.9 毫克
E	1.23 毫克
矿物质	
钙	66 毫克
锌	4.36 毫克
铁	6.4 毫克
钾	49 毫克
锰	1.23 毫克

养生功效

大麦含有麦芽糖、糊精、B族维生素、磷脂、葡萄糖等多种营养物质。中医认为，大麦有消渴除热毒、益气调中、滋补虚劳、宽胸下气、凉血、消食开胃的功效。

养生宜忌

一般人群均可食用，尤其适宜胃气虚弱、消化不良者食用；可作为肝病、食欲不振、伤食后胃满腹胀者的食疗方，同时女性回乳时乳房胀痛者宜食大麦芽。但是因大麦芽可回乳或减少乳汁分泌，故女性在怀孕期间和哺乳期内忌食。

选购要点

优质的大麦颗粒饱满，无虫蛀霉变，气味为清香的粮食味。

◎怎么吃最科学◎

1. 大麦是藏族人的主要粮食，他们把裸大麦炒熟磨粉，做成糌粑食用。

2. 大麦可以单独做粥，或者搭配其他粮食食用，"八宝粥"中不可或缺的原料就有大麦。

3. 大麦可以制作麦芽糖，同时也是制作啤酒的主要原料，还可以炒制成茶饮用。

特别提示

长时间食用大麦会伤肾。

大麦绿豆粥

材料：大麦100克，绿豆30克。

做法：

1. 将大麦和绿豆分别洗净备用。
2. 将绿豆放入锅中煮至开花，然后放入大麦仁。
3. 两者同煮30分钟左右，煮至食材都变软，即可食用。

功效：此粥具有滋补虚劳、消暑解毒的功效。

大麦鸡肉粥

材料：大麦300克，熟鸡肉200克，鸡汤1500毫升，面粉150克，鸡蛋1个，精盐、葱花、生姜末、香油、味精、胡椒粉、醋各适量。

做法：

1. 大麦洗净，鸡肉撕成丝，鸡蛋打散，加入适量的盐，煎成蛋皮，切成丝。
2. 另起一锅，将洗好的大麦放入，加入适量的水，煮至开花。
3. 加入鸡汤和准备好的鸡肉丝，大火烧沸，把面粉调成稀糊，倒入锅中，不断搅动，煮至熟，即可关火。
4. 先将蛋皮丝铺放在碗中，盛入麦仁粥，撒上葱花、生姜末、味精、胡椒粉、醋、香油调味，即可食用。

功效：此粥具有健脾养血、消积利水的功效，尤其适宜贫血、慢性胃炎、营养不良性水肿、胃肠神经官能症、单纯性消瘦症等病症。

荞麦

◎性平，味甘，归胃、大肠经。

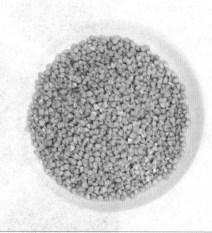

营养成分表

荞麦所含的营养素
（每100克）

人体必需的营养素	
热量	1410千焦
蛋白质	9.3克
脂肪	2.3克
碳水化合物	73.0克
膳食纤维	6.5克
维生素	
B₁（硫胺素）	0.28毫克
B₂（核黄素）	0.16毫克
烟酸（尼克酸）	2.2毫克
E	4.40毫克
矿物质	
钙	47毫克
锌	2.20毫克
钠	4.7毫克
钾	401毫克
锰	2.04毫克

养生功效

荞麦有一个别名叫"净肠草"，中医认为其能充实肠胃，增长气力，提精神，除五脏的滓秽。现代医学研究表明，荞麦含有丰富的蛋白质、维生素，故有降血脂、保护视力、护心安眠、软化血管、降低血糖的功效。同时，荞麦还可杀菌消炎，故有"消炎粮食"的美称。

养生宜忌

一般人群均可食用，尤其适宜食欲不振、肠胃积滞、慢性泄泻、糖尿病等患者食用。但不适合脾胃虚寒、消化功能不佳及经常腹泻的人。

选购要点

1. 优质的荞麦颗粒均匀、光泽好，这样的荞麦属于天然生长的荞麦，没有受到任何外界因素的影响，其口感是非常好的。

2. 选择颗粒饱满的荞麦，这样的荞麦不但营养非常充足，而且吃起来很有嚼头，口感好。

3. 选购的时候，可以拿几颗用手捏捏，坚实、圆润者为佳。

◎怎么吃最科学◎

1. 荞麦去壳后可直接烧制荞麦米饭，味道清爽，还可以清理肠胃。

2. 荞麦可以磨成面，虽然看起来色泽不佳，但用它做成糕点或面条，佐以麻酱或羊肉汤，风味独特。

3. 荞麦可作为麦片和糖果的原料，磨成粉还可做水饺皮、凉粉等。

特别提示

要注意一次不可食用太多荞麦，否则易造成消化不良。

荞麦冰糖菠萝粥

材料：荞麦100克，小米50克，糯米50克，菠萝150克，菠萝汁200毫升，枸杞子10克，冰糖适量。

做法：

1. 将荞麦、小米、糯米分别淘洗干净；菠萝削皮、切小块；枸杞子洗净。
2. 锅置火上，加入适量的清水和菠萝汁，大火烧开。
3. 依次放入荞麦、小米、糯米，再用大火烧开，改为小火熬煮。
4. 小火煮约25分钟后，加入切好的菠萝块、洗好的枸杞子以及适量的冰糖。
5. 继续煮10分钟后，打开锅盖不停搅动，直至粥黏稠，即可关火，盛碗食用。

功效：此粥具有降压作用，还可有效降低血糖，抵抗缺铁性贫血。

荞麦鸡肉香菜粥

材料：荞麦150克，鸡腿70克，土豆100克，香菜10克，高汤1200毫升，盐和酱油适量。

做法：

1. 将荞麦淘洗干净，沥干水分；鸡腿肉切成小块，洗净；土豆去皮，切成小块，洗净；香菜洗净，切段。
2. 锅置火上，加入适量的水，放入荞麦煮约20分钟，捞出沥水。
3. 将高汤放入锅内，加入适量的酱油和盐，大火煮开。
4. 放入荞麦米、鸡肉块、土豆块，一起煮25分钟左右。
5. 待所有材料软烂，加入切好的香菜段，即可食用。

功效：此粥口感清香，食材富有营养，具有温中益气、健脾养胃、强筋活血的功效。

小麦

◎性平，味甘，归心、肾经。

养生功效

小麦含有丰富的营养物质，比如大量淀粉、蛋白质、脂肪、粗纤维、麦芽糖酶、蛋白酶、B族维生素等。中医认为，小麦能养心益脾，和五脏，调经络，除烦止渴，利小便。

养生宜忌

小麦适宜有心血不足、失眠多梦、体虚自汗、心悸不安、多呵欠、脚气病、末梢神经炎等症状者食用。因小麦含有糖分较多，所以患有糖尿病等病症者不适宜食用。

选购要点

优质的小麦干净、无杂质、无霉变、无虫蛀、无发芽等异常情况，放在手掌中闻，可嗅到粮食的芳香。此外，选购时要以颗粒饱满、圆润者为宜。

◎怎么吃最科学◎

1. 小麦的种子经过加工，磨制成面粉后可以做成面条、馒头、面包等多种食物。

2. 小麦经过去壳处理后，可以直接煮粥食用，口味独特，营养丰富。

3. 小麦的坚果风味较重，这种淡棕色的颗粒成为谷制品或面包、烤制品的添加剂等。

特别提示

坊间有"麦吃陈，米吃新"的说法，存放时间适当长些的小麦比新鲜的小麦更好，搭配大米吃营养更佳。

小麦粥

材 料：小麦 200 克。

做 法：

1. 将小麦洗净。
2. 锅置火上，加入适量的水，将洗好的小麦米放入锅中。
3. 将两者一起熬制成粥，即可食用。

> **功效**：此粥有健脾宁心、除热止渴的功效，适用于气虚、自汗、烦渴等症。

小麦陈皮粥

材 料：小麦 100 克，糯米 50 克，陈皮 15 克，冰糖适量。

做 法：

1. 将糯米和小麦洗净，沥干水分。
2. 锅置火上，加入适量的清水，将糯米、小麦米和陈皮一起放入锅中，大火煮开后，改为小火煮半小时左右。
3. 煮至粥将成时，加入适量冰糖调味，即可盛碗食用。

> **功效**：此粥稠软可口，香味诱人，加入陈皮有祛火的功效。

燕麦

◎性平，味甘，归肝、脾、胃经。

营养成分表

燕麦所含的营养素
（每100克）

人体必需的营养素	
热量	1534 千焦
蛋白质	15 克
脂肪	6.7 克
碳水化合物	66.9 克
膳食纤维	5.3 克
维生素	
B₁（硫胺素）	0.3 毫克
B₂（核黄素）	0.13 毫克
烟酸（尼克酸）	1.2 毫克
E	3.07 毫克
矿物质	
钙	186 毫克
锌	2.59 毫克
钠	3.7 毫克
钾	214 毫克
锰	3.36 毫克

养生功效

燕麦富含淀粉、蛋白质、脂肪、B族维生素、钙、锌等营养成分，具有益肝和胃、养颜护肤等功效。燕麦还有抗细菌、抗氧化的功效，在春季能够有效地增强人体的免疫力，抵抗流感。美国、法国等国家称燕麦为"家庭医生""植物黄金""天然美容师"。

养生宜忌

一般人都可食用，尤其适宜老人、妇女、儿童、便秘、糖尿病、脂肪肝、高血压、动脉硬化者。但虚寒病患、皮肤过敏、肠道敏感者不适宜吃太多的燕麦，以免引起胀气、胃痛、腹泻。

选购要点

1. 看燕麦片产品的膳食纤维含量，纯燕麦产品的膳食纤维含量6% ~ 10%。

2. 注意产品中糖的含量，市场上有些麦片／燕麦片产品的含糖量高于40%，过高的含糖量对健康不利。

3. 标有"不含蔗糖"的产品不等于无糖，因为如果产品中的淀粉含量高的话，糖尿病人食后也同样会导致血糖升高。

特别提示

很多人都以为"麦片"和"燕麦片"是一个概念，其实不然，一般麦片食物里基本上都不含燕麦，在选择食用时一定要注意。

◎怎么吃最科学◎

① 燕麦的食用方法可谓多种多样，除了可以直接煮粥食用外，还可以经过加工制成麦化罐头、饼干、燕麦片、糕点，等等，营养丰富，老少皆宜。

② 搭配水果、牛奶一起食用，口味清新，营养也更加丰富。

燕麦芋头粥

材料：燕麦150克，芋头100克，蜂蜜适量。

做法：

1. 将燕麦、芋头洗净，芋头切小块。
2. 锅内加入适量的水，将洗好的燕麦和芋头块一起放入锅中，大火烧开，小火慢煮。
3. 熬成粥后，关火晾凉至50摄氏度左右时，加入适量蜂蜜调味即可。

功效：此粥具有润肠通便的功效，还可降低胆固醇和降低身体对脂肪的吸收。

燕麦绿豆粥

材料：燕麦100克，绿豆50克。

做法：

1. 将燕麦和绿豆分别洗净，备用。
2. 在锅中放入1000毫升的清水，放入绿豆，大火煮开后改为小火。
3. 加入燕麦一起熬煮，改为中火煮10分钟左右，再改为小火继续煮20分钟，即可关火，盛碗食用。

功效：此粥味道清香，具有润肠通便、清热解毒的功效，尤其适宜便秘或者冠心病病人食用。

莜麦

◎性平，味甘，归肝、脾、胃经。

营养成分表 莜麦所含的营养素（每100克）	
人体必需的营养素	
热量	1529 千焦
蛋白质	12.2 克
脂肪	7.2 克
碳水化合物	63.2 克
膳食纤维	4.6 克
维生素	
B₁（硫胺素）	0.39 毫克
B₂（核黄素）	0.04 毫克
烟酸（尼克酸）	3.9 毫克
E	7.96 毫克
矿物质	
钙	27 毫克
锌	2.21 毫克
钠	2.2 毫克
钾	319 毫克
锰	3.86 毫克

养生功效

莜麦是燕麦的一种，营养丰富，在禾谷类作物中蛋白质含量很高，且含有人体必需的8种氨基酸，维生素E的含量也高于大米和小麦，维生素B的含量比较多。莜麦脂肪的主要成分是不饱和脂肪酸，其中亚油酸可降低胆固醇、预防心脏病。

养生宜忌

一般人群均可食用，尤其适宜产妇催乳、婴儿发育不良以及中老年人，但虚寒证患者忌食。

以磨成面，做成很多食物，如晋西北群众的特色食物"猫儿耳朵窝窝"，和山药粉搭配做成的"山药饼"等。

选购要点

1. 尽量不要选择口感细腻、黏度不足的莜麦，因为这说明其中莜麦含量不高，糊精之类成分含量高。

2. 尽量选择添加剂少的莜麦，这样更有利于健康。

◎怎么吃最科学◎

莜麦的食用方法多种多样，除了可以直接煮粥外，还可

特别提示

虽然莜麦营养物质丰富，但是因其不易消化，所以脾胃虚弱或者消化能力有问题的人都不宜多食。

莜麦草莓粥

材 料：莜麦50克，草莓150克，枸杞子10克。

做 法：

1. 将莜麦、草莓和枸杞子分别洗净，草莓切小块。

2. 莜麦冷水下锅，大火煮开，小火慢熬，煮至莜麦熟烂。

3. 加入切好的草莓块和洗好的枸杞子，再用小火煮5分钟，即可食用。

> **功效**：此粥味道鲜美，酸酸甜甜，且色泽漂亮，可补充能量，草莓的美白功效和莜麦的功效搭配在一起，可谓一举两得。

莜麦山药粥

材 料：莜麦100克，山药150克，盐、味精、香油各适量。

做 法：

1. 将莜麦淘洗干净；山药去皮、洗净、切成小丁。

2. 莜麦和山药丁冷水下锅，大火烧开后，改为小火慢熬。

3. 熬至粥将成时，加入适量的味精、盐和香油，稍加搅拌，即可食用。

> **功效**：此粥可作为治疗糖尿病的食疗方。

芡实

◎性平，味甘、涩，无毒，归脾、肾经。

营养成分表

芡实所含的营养素
（每100克）

人体必需的营养素

热量	1467 千焦
蛋白质	8.3 克
脂肪	0.3 克
碳水化合物	79.6 克
膳食纤维	0.9 克

维生素

B₁（硫胺素）	0.3 毫克
B₂（核黄素）	0.09 毫克
烟酸（尼克酸）	0.4 毫克
E	0.4 毫克

矿物质

钙	37 毫克
锌	1.24 毫克
钠	28.4 毫克
钾	60 毫克
锰	1.51 毫克

养生功效

中医认为，芡实有补中益气、收敛镇静的功效，为滋养强壮性食物，适用于慢性泄泻和尿频、梦遗滑精、虚弱、遗尿、妇女带多腰酸等症。

养生宜忌

芡实适宜脾虚、女性白带频多者、肾亏腰酸者、老年人尿频者、慢性腹泻者、体虚遗尿的儿童，以及男性梦遗滑精、早泄者食用。但是因芡实不好消化，消化能力有问题的人不宜多食，平素大便干结或腹胀者忌食。

选购要点

选购芡实要以颗粒饱满、均匀、粉性足、无破碎、干燥无杂质者为佳。

◎怎么吃最科学◎

芡实是一种药食同用的食物，可以直接煮粥食用，也可以炒熟后研磨成粉调糊食用。在用芡实煮粥的时候，注意要使用慢火炖煮至烂熟，细嚼慢咽，搭配莲子肉、山药、白扁豆之类食物一同食用更好。

特别提示

芡实性涩滞气，一次不要吃太多，否则难以消化。

芡实粥

材料：芡实米 100 克，糯米 100 克，冰糖 10 克。

做法：
1. 将芡实米研成粉，糯米洗净。2. 锅置火上，加入适量的清水，将洗好的糯米和研成粉的芡实一同放入锅中，大火煮开后，改为小火慢熬。3. 煮至粥将成时，加入冰糖，煮至冰糖溶化，即可盛碗食用。

功效：此粥具有补中益气、提神强志、使人耳聪目明的功效。

芡实白果粥

材料：芡实米 100 克，糯米 50 克，白果干 20 克，盐 6 克。

做法：
1. 将芡实米和糯米分别淘洗干净，放入水中浸泡 3 小时左右；白果干洗净。2. 将准备好的三种食材一同放入锅内，加入适量的水，大火煮沸后，改为小火慢慢熬制成粥。3. 放入盐调味，即可食用。

功效：此粥具有固肾补脾、泄浊祛湿的功效，可作为调养脾、肾的食疗方。

芡实老鸭粥

材料：芡实米 100 克，大米 100 克，老鸭 1 只，葱、姜、盐、味精等调料各适量。

做法：
1. 将老鸭宰杀，去毛及内脏，清洗干净后，放入锅中加入适量的清水、葱、姜、盐、味精等调料一起炖煮。2. 将芡实米和大米分别洗净，用清水浸泡 3 小时。3. 取适量的煮鸭汤水，放入砂锅中，加入浸泡好的芡实米和大米，一起煮成粥。

功效：此粥具有健脾养胃、利水消肿的功效。

青稞

◎性平，味咸，归脾、胃经。

营养成分表

青稞所含的营养素
（每100克）

人体必需的营养素	
热量	1432 千焦
蛋白质	8.1 克
脂肪	1.5 克
碳水化合物	75.0 克
膳食纤维	1.8 克
维生素	
B$_1$（硫胺素）	0.34 毫克
B$_2$（核黄素）	0.11 毫克
烟酸（尼克酸）	6.7 毫克
E	0.96 毫克
矿物质	
钙	113 毫克
锌	2.38 毫克
钠	70.0 毫克
钾	644 毫克
硒	4.6 微克

养生功效

青稞是青藏高原人民的主要食物，《本草拾遗》记载：青稞，下气宽中、壮精益力、除湿发汗、止泻。藏医典籍《晶珠本草》更把青稞作为一种重要药物，用于治疗多种疾病。现代研究证实，青稞含有人体必需的 18 种氨基酸和 12 种微量元素；青稞富含的硒，也被科学证实为防癌抗癌的有效物质。

养生宜忌

青稞性平养胃，诸无所忌，尤其适宜"三高"人群、便秘、肠胃病、雀斑人群等食用。

选购要点

1. 看：观察青稞米的外观，以干净、干爽、无杂质为佳。

2. 闻：可以抓一小把青稞米，凑近鼻子闻，优质的青稞米有粮食的清香，若有任何其他异味都可能是劣质产品。

◎怎么吃最科学◎

① 可以酿成青稞酒，此酒是青藏高原人民最喜欢喝的酒，逢年过节、结婚、生孩子、迎送亲友，必不可少。

② 青稞是藏族人民制作糌粑的主要原料，青稞炒后磨成面，用酥油茶拌着吃，人们也将青稞与豌豆掺和制作糌粑。

③ 青稞去壳后可以直接煮粥食用，也

可与大米按照 1：1 的比例煮成粥，有食疗保健的作用。

特别提示

长期食用青稞，可以降低血液中有害的胆固醇含量，还可以降低由心情紧张引起的动脉收缩，降低血压，扩张冠状动脉，促进血液流动。

青稞养生粥

材料：青稞 200 克，清水适量。

做法：

① 将青稞洗净、沥干水分，放入炒锅中炒熟。
② 锅置火上，加入适量的清水和炒好的青稞米，大火烧开后，改为小火慢熬。③ 将两者一起煮至粥黏稠后，即可食用。

功效：此粥可用于治疗慢性腹泻。

青稞杏仁粥

材料：青稞 150 克，糯米 100 克，杏仁 25 克，白糖适量。

做法：

① 将青稞和糯米分别洗净，放入水中浸泡 6 小时；杏仁洗净。② 锅置火上，加入适量的清水，放入浸泡好的青稞和糯米同煮。③ 锅开后加入杏仁，改为小火，煮至米软烂，加入白糖调味即可。

功效：此粥清淡宜人，甜香味美，具有润肠通便的功效。

青稞大米粥

材料：青稞 100 克，大米 100 克。

做法：

① 将青稞和大米分别清洗干净，放入水中浸泡 6 小时。② 将浸泡好的青稞和大米一同放入锅中，加入适量的清水。③ 大火烧开后，改为小火慢熬成粥。

功效：此粥具有下气宽中、壮精益力、除湿发汗等功效。

扁豆

◎性温，味甘，归脾、胃经。

营养成分表

扁豆所含的营养素
（每100克）

人体必需的营养素	
热量	1420 千焦
蛋白质	25.3 克
脂肪	0.4 克
碳水化合物	61.9 克
膳食纤维	6.5 克
维生素	
B₁（硫胺素）	0.26 毫克
B₂（核黄素）	0.45 毫克
烟酸（尼克酸）	2.6 毫克
E	1.86 毫克
矿物质	
钙	137 毫克
锌	1.90 毫克
钠	2.3 毫克
钾	439 毫克
锰	1.19 毫克

养生功效

中医认为，扁豆可以补养五脏，有止呕吐、解毒的功效，可使人体内的风气通行，解酒毒、鱼蟹毒、草木之毒，还可以治愈痢疾、消除暑热、温暖脾胃、疰湿热、止消渴，长期食用可使头发不白。现代研究表明，扁豆中的植物血细胞凝集素能使癌细胞发生凝集反应，使肿瘤细胞表面发生结构变化，并可促进淋巴细胞的转化，增强对肿瘤的免疫能力，抑制肿瘤的生长，起到防癌抗癌的效果。

养生宜忌

一般人群均可食用，尤其适宜脾虚便溏、饮食减少、恶心烦躁、口渴欲饮、夏季感冒挟湿、心腹疼痛、慢性久泄，以及妇女脾虚带下、急性胃肠炎、消化不良、暑热头痛头昏、癌症病人等食用。但是患寒热病者、患疟疾者不可食用。

特别提示

扁豆含有毒蛋白、凝集素以及能引发溶血症的皂素，在烹调时需要注意，一定要煮熟以后才能食用，否则会可能出现食物中毒现象。

选购要点

选购扁豆，以粒大、饱满、色白者为佳。

◎怎么吃最科学◎

1. 扁豆可以搭配谷类做成粥，味道清香，营养丰富。

2. 将扁豆用热水泡透，上锅蒸软后搭配豆沙、白糖等做成扁豆糕，味道甜美。

3. 扁豆可以单独用食油和盐焗炒后，加水煮熟食用，有健脾除湿、止带的功效，可用于妇女脾虚带下、色白等症。

扁豆淮山粥

材料：淮山80克，扁豆80克，大米150克。

做法：

1. 将淮山与扁豆放入足量的水中浸泡2小时，大米淘洗干净。
2. 锅置火上，放入大米，加入适量的清水，煮成稀饭，盛出备用。
3. 将淮山、扁豆辅以适量的水放进锅内，以大火煮沸，然后改小火，煮到水与药材表面等高，去掉淮山、扁豆，只取其汁液。
4. 将汁液加入稀饭中搅拌即可。

> **功效**：此粥可用于脾气虚弱型的鼻塞、食少腹胀、面色苍白等症的食疗。

扁豆猪蹄粥

材料：猪前蹄1只，白扁豆35克，糯米100克，料酒、葱段、姜块、盐、味精各适量。

做法：

1. 将猪前蹄刮毛洗净，入沸水锅中焯一下水；糯米、白扁豆淘洗干净。
2. 砂锅置火上，加入适量的水，放入猪蹄煮沸后除去浮沫，再下入糯米、白扁豆、料酒、葱段、姜块。
3. 转小火继续熬煮1小时，加入盐、味精调味即可。

> **功效**：此粥能消暑毒。

蚕豆

◎性平，味甘，归脾、胃经。

营养成分表

蚕豆所含的营养素
（每100克）

人体必需的营养素

热量	1402 千焦
蛋白质	21.6 克
脂肪	1.0 克
碳水化合物	61.5 克
膳食纤维	1.7 克

维生素

B_1（硫胺素）	0.09 毫克
B_2（核黄素）	0.13 毫克
烟酸（尼克酸）	1.9 毫克
E	1.6 毫克

矿物质

钙	31 毫克
锌	3.42 毫克
钠	86.0 毫克
钾	1117 毫克
锰	1.09 毫克

养生功效

蚕豆中含有大量蛋白质，在日常食用的豆类中仅次于大豆，且不含胆固醇，可以提高食品营养价值，预防心血管疾病。蚕豆还含有调节大脑和神经组织的重要成分钙、锌、锰、磷脂等，并含有丰富的胆石碱，有增强记忆力的健脑作用，特别是赖氨酸含量丰富。中医认为，蚕豆可利胃肠排泄，有调和五脏六腑之功效。

养生宜忌

一般人都可食用。特别适宜老人、脑力工作者、高胆固醇、便秘者食用。

但是因蚕豆性滞，多食腹胀，损伤脾胃，故脾胃虚弱者不宜多食；对蚕豆过敏的人忌食蚕豆。

选购要点

1. 新鲜蚕豆颜色呈浅青绿色，如果有变黑的迹象，就是有点儿变质了。

2. 如果选购带豆荚的蚕豆，要以角大子饱，无嫩荚、瘪荚，皮色浅绿，无虫眼杂质的为佳。

特别提示

少数人吃蚕豆后，可引起"蚕豆病"，其症状是发热、头痛、恶心、四肢酸痛、黄疸、血尿、抽筋和昏迷等，如抢救不及时，严重者可导致死亡。这种病一般有家族遗传性，且多发于12岁以下的儿童。因此，父母或祖父母有过这种病的人，不宜进食蚕豆及其制品，不宜沾染蚕豆花粉；儿童第一次吃蚕豆，不宜多食。

◎怎么吃最科学◎

1. 蚕豆的食用方法很多，可煮、炒、油炸，也可浸泡后剥去种皮炒菜或汤，或者制成蚕豆芽，其味更鲜美。但需切记，蚕豆不可生吃，应将生蚕豆多次浸泡并焯水，然后再进行烹制。

2. 将蚕豆磨成蚕豆粉，蚕豆粉是制作粉丝、粉皮等的原料，也可加工成豆沙，制作糕点。

3. 蚕豆可蒸熟加工，制成罐头食品，也可制作酱油、豆瓣酱、甜酱、辣酱等，还可以制成各种小食品。

蚕豆花生粥

材料：带皮花生米40克，蚕豆30克，大米100克，红糖适量。

做法：

1. 将大米、蚕豆、花生仁分别洗净，沥干水分，备用。

2. 将准备好的三样食材一起放入锅中，加水适量，煮沸，改用小火慢熬。

3. 熬至汤呈棕红色时加入红糖，搅拌均匀，即可食用。

功效：此粥可健脾、降压、利尿、止血。

蚕豆蔬菜粥

材料：蚕豆、大米、肉末、西红柿、小米椒、青椒、豆腐、韭薹各50克，鸡蛋1个，葱、蒜、生抽、老抽、十三香、醋、盐、鸡精、白糖各适量。

做法：

1. 肉末加生抽、老抽、蒜末、十三香腌制10分钟左右，加鸡蛋液拌匀，备用，西红柿切丁。

2. 锅内放少量油烧热，放入腌制好的肉末煸香，炒至变色捞起。

3. 锅内放油加热，放入葱白、蒜末、小米椒炒香后，加入西红柿丁，烧1分钟加入豆腐丁，烧3分钟加水200毫升，煮沸，加盐、肉末，煮10分钟。

4. 再加水1000毫升，大火煮沸，放入大米、蚕豆转小火煮至大米熟烂，加入盐调味，再加入青椒丁、韭薹丁、葱末，调匀后放入鸡精、白糖和醋调味即可。

功效：此粥利胃肠排泄、调和五脏六腑。

红豆

◎性平，味甘、酸，归心、小肠经。

营养成分表

红豆所含的营养素
（每100克）

人体必需的营养素

热量	330 千焦
蛋白质	20.2 克
脂肪	0.6 克
碳水化合物	63.4 克
膳食纤维	7.7 克

维生素

B₁（硫胺素）	0.16 毫克
B₂（核黄素）	0.11 毫克
烟酸（尼克酸）	2.0 毫克
E	14.36 毫克

矿物质

钙	74 毫克
锌	2.2 毫克
钠	2.2 毫克
钾	860 毫克
锰	1.33 毫克

养生功效

中医认为，红豆具有利尿作用，对心脏病、肾病、水肿等症均有益。红豆富含叶酸，产妇、乳母吃红小豆有催乳的功效，且具有良好的润肠通便、降血压、降血脂、调节血糖、预防结石、健美减肥的作用。

养生宜忌

红豆有利尿效果，尿频的人要避免食用，也因红豆此效果，不宜多食久食，古代医学家陶弘景说过："（红豆）性逐津液，久食令人枯燥。"

选购要点

选购红豆以颗粒饱满、色泽自然红润（色泽暗淡无光、干瘪的可能放置时间较长，会影响口感）、颗粒大小均匀的为佳。

特别提示

红豆与相思子二者外形相似，均有"红豆"之别名，但功效悬殊，如若误用，可能产生严重后果，过去曾有误把相思子当成红豆服用而引起中毒甚至死亡的。所以在选购时一定要区分二者，主要从颜色和外形上区分，红豆颜色赤黯，外形扁而紧小；相思子颜色鲜艳，个大，红头黑底，粒圆而饱满。

◎怎么吃最科学◎

1. 红豆一般用于煮饭、煮粥，味道甜美，色泽鲜亮，营养丰富。

2. 红豆可以用于菜肴，做成汤，如"红豆无花果汤"等。

3. 红豆可以做成豆沙，用于各种糕团面点的馅料或者加工成雪糕，香气独特，口味香甜。

4. 红豆还可发制红豆芽，食用同绿豆芽。

红豆玉米粥

材料：红豆、玉米粒各100克，面糊、冰糖适量。

做法：

1. 红豆提前浸泡2小时，玉米粒洗净。
2. 锅置火上，放入红豆，大火煮沸后，放入玉米粒改成小火煮30分钟。
3. 面糊搅拌均匀，倒入锅中，搅拌均匀，加入冰糖调味即可。

功效：此粥可下痢、解酒毒、除寒热痈肿、排脓散血、通乳汁。

红豆银杏粥

材料：银杏20克，红豆50克，桂圆肉25克，糯米100克，蜂蜜10克。

做法：

1. 银杏去壳，红豆用温水泡3小时，桂圆肉洗净，糯米淘洗干净。
2. 砂锅置火上，加入适量的水，放入以上准备好的食材，大火煮沸后转小火继续熬煮45分钟，淋入蜂蜜调味即可。

功效：此粥可滋润皮肤、抗衰老、通畅血管、改善大脑功能、增强记忆能力，治疗老年痴呆症和脑供血不足等症。

红豆糯米枸杞子粥

材料：红豆100克，枸杞子20克，糯米粉30克，京糕30克，冰糖适量。

做法：

1. 将枸杞子洗干净，用冰糖水煎煮10分钟，再浸泡30分钟，滤出煎液，备用；京糕切丁，备用。

2. 将红豆用温水浸泡2～3小时，洗净，放入砂锅内，加水1000毫升左右，煮至烂熟。

3. 用枸杞子煎液调好糯米粉，倒入煮红豆锅中，边倒边搅，使粥浓稠，盛碗，撒上枸杞子及京糕丁即可。

功效：此粥可滋肾强精、养血明目、益智养神。

红豆绿豆粥

材料：红豆、绿豆各50克，大米100克。

做法：

1. 将红豆、绿豆、大米淘洗干净，备用。

2. 将准备好的食材一起倒入锅中，加入适量的水，大火煮开后，改为小火继续熬煮，煮至粥黏稠即可。

功效：此粥可消暑开胃、减肥轻身。

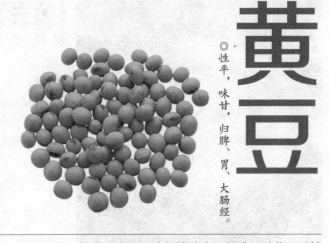

黄豆

◎性平，味甘，归脾、胃、大肠经。

营养成分表

黄豆所含的营养素
（每100克）

人体必需的营养素

热量 .... 1502 千焦

蛋白质 .... 35.0 克

脂肪 .... 16.0 克

碳水化合物 .... 34.2 克

膳食纤维 .... 15.5 克

维生素

B_1（硫胺素）....... 0.41 毫克

B_2（核黄素）....... 0.20 毫克

烟酸（尼克酸）...... 2.1 毫克

E .... 18.9 毫克

矿物质

钙 .... 191 毫克

锌 .... 3.34 毫克

钠 .... 2.2 毫克

钾 .... 1503 毫克

锰 .... 2.26 毫克

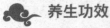 **养生功效**

黄豆有"豆中之王"之称，含有丰富的蛋白质，而且其脂肪含量在豆类中居首位，出油率高达20%；富含多种维生素、矿物质和多种人体不能合成但又必需的氨基酸。中医认为黄豆宽中、下气、利大肠、消水肿毒，具有补脾益气、消热解毒的功效，是食疗佳品。

养生宜忌

一般人均可食用黄豆，尤其是更年期妇女、糖尿病患者、心血管病患者及脑力工作者、减肥者适合食用。但是有慢性消化道

疾病、严重肝病、肾病、痛风、消化性溃疡、低碘、对黄豆过敏者不宜食用。

另外，男性还是少吃黄豆制品为好。因为黄豆含有大量的雌性激素，如果男性摄入过多会影响精子质量，甚至可能导致男性在晚年出现睾丸癌。

选购要点

1. 看脐色：黄豆脐色一般可分为黄白色、淡褐色、褐色、深褐色及黑色五种。黄白色或淡褐色的质量较好，褐色或深褐色的质量较次。

2. 质地：颗粒饱满且整齐均匀，无破瓣、无缺损、无虫害、无霉变的为好黄豆；反之则为劣质黄豆。

3. 干湿度：牙咬豆粒，发音清脆成碎粒，说明黄豆干燥、储存良好；若发音不清脆，则说明黄豆潮湿。

4. 观肉色：咬开大豆，察看豆肉，深黄色的含油量丰富，质量较好；淡黄色的含油量较少，质量差些。

◎怎么吃最科学◎

① 黄豆的食用方法有很多，最常见的就是制成豆浆或豆芽食用，营养丰富。

② 黄豆可以磨成粉，搭配玉米面、红薯粉等制成糕点食用。

特别提示

生黄豆含有不利健康的抗胰蛋白酶和凝血酶，所以大豆不宜生食。夹生黄豆也不宜吃，不宜干炒食用。食用时宜高温煮烂。

黄豆芝麻粥

材料: 黄豆50克, 大米100克, 芝麻20克, 盐适量。

做法:

1. 黄豆洗净, 用水浸泡4小时, 大米淘洗干净, 芝麻炒焦研成粉末。

2. 砂锅置火上, 加入适量的水, 放入黄豆、大米大火煮沸, 转小火熬煮成粥, 加入芝麻粉、盐调味即可。

功效: 此粥有补肝肾, 润五脏, 滋润皮肤, 降血脂、血糖, 延年益寿等作用。

黄豆红枣粥

材料: 黄豆30克, 大米、糯米各50克, 大枣10枚, 白糖适量。

做法:

1. 将黄豆洗净, 提前浸泡一夜, 大枣温水泡15分钟后洗净、去核, 大米、糯米均淘洗干净。

2. 砂锅置火上, 加入适量的水, 放入大米、糯米, 大火烧开, 放入黄豆转小火熬40分钟, 再加入大枣熬煮40分钟, 加糖调味即可。

功效: 此粥有降低胆固醇的功效, 也可作为动脉硬化、高血压的食疗方。

营养成分表

黑豆所含的营养素
（每100克）

人体必需的营养素

热量	1678 千焦
蛋白质	36.0 克
脂肪	15.9 克
碳水化合物	33.6 克
膳食纤维	10.2 克

维生素

B₁（硫胺素）	0.20 毫克
B₂（核黄素）	0.33 毫克
烟酸（尼克酸）	2.0 毫克
E	17.36 毫克

矿物质

钙	224 毫克
锌	4.18 毫克
钠	3.0 毫克
钾	1377 毫克
锰	2.83 毫克

养生功效

人们一直将黑豆视为药食两用的佳品，因为它具有高蛋白、低热量的特性。中医认为，黑豆有利水活血、祛风解毒的功效。有机黑豆中蛋白质含量高达 36% ~ 40%，相当于肉类的2倍、鸡蛋的3倍、牛奶的12倍，还能提供粗纤维，促进消化，防止便秘发生。

养生宜忌

一般人群均可食用，尤其适宜脾虚水肿、脚气水肿者、体虚之人食用。黑豆煮熟食用利肠，炒熟食用闭气，生食易造成肠

黑豆

◎性平，味甘，归脾经、胃经。

道阻塞。黑豆不宜多食、久食。《本草汇言》说："黑豆性利而质坚滑，多食令人腹胀而痢下。"《千金翼方》中说："久食黑豆令人身重。"

选购要点

1. 看颜色：黑豆在清洗时出现掉色是正常的现象，但掉色不会太明显，且清洗后再浸泡，水大多呈现浑浊的颜色，不会再因清洗或者浸泡呈现浓黑色。

2. 闻气味：若是染色黑豆，其染料多少会有残留气味存在。

3. 手揉搓：用手指反复揉搓干黑豆，或者在干净的白纸上来回滑动，如果留有黑色印迹，则多为染色黑豆。

4. 看豆仁：真黑豆剥开豆皮后，豆仁的豆身大多为绿色或者黄色，染色黑豆颜色会渗透内皮，使豆身变黑。

◎怎么吃最科学◎

1. 黑豆的食法很多，可直接煮食，也可搭配其他食物做成汤，例如黑豆乌鸡汤、黑豆鲫鱼汤等。

2. 黑豆也可以生豆芽食用，黑豆芽可凉拌，也可做汤。

特别提示

黑豆皮中含有果胶、乙酰丙酸和多种糖类，有养血疏风、解毒利尿、明目益精的功效。此外，黑豆皮还含有花青素。花青素是很好的抗氧化剂来源，能清除体内自由基，尤其是在胃的酸性环境下，抗氧化效果好。

黑豆枸杞子粥

材 料：黑豆30克，枸杞子5克，大米100克，红枣10枚。

做 法：

①将黑豆、大米淘洗干净，枸杞子、红枣分别洗净，红枣去核。②砂锅置火上，加入适量的水，放入黑豆、枸杞子、大米、红枣，大火煮沸后改用小火熬至粥烂熟，即可食用。

功效：此粥可补肾强身、活血利水、解毒、滋阴明目、滋补肝肾、益精明目和养血、增强免疫力。

黑豆糯米粥

材 料：黑豆30克，糯米60克。

做 法：

①将黑豆、糯米淘洗干净。②砂锅置火上，加入适量的水，放入黑豆、糯米，大火煮沸，转小火熬煮成粥即可。

功效：此粥可补中益气、健脾养胃、消肿下气、润肺燥热、活血利水、祛风解毒、补血安神、明目健脾。

黑豆鸡蛋粥

材 料：鸡蛋2个，黑豆30克，大米90克。

做 法：

①鸡蛋洗净后与黑豆一起煮熟，蛋熟去壳，切成四瓣。②另起锅置火上，加入适量的水，放入大米、鸡蛋、黑豆同煮至粥成即可。

功效：温肾行水，健脾益气。主治脾肾两虚，肢面水肿。

花豆

◎性平，味甘，归脾、肺经。

养生功效

花豆的营养相当丰富，含蛋白质和 17 种氨基酸、糖类、维生素以及矿物质，享有"豆中之王"的美誉。现代研究发现，花豆富含膳食纤维，可以预防和改善便秘，减少大肠癌的发病概率，降低血胆固醇，有助于预防心脑血管疾病发生。中医认为，花豆有祛湿、利水肿、治脚气的功效，对呕吐、腹胀、气管炎等疾病也有一定的治疗效果。

养生宜忌

一般人群均可食用。花豆含丰富的蛋白质、淀粉及糖类，属于高热食物，故减肥者要少食或禁食。花豆含有较多的钾元素，肾病患者不宜食用过量的花豆。

选购要点

选购花豆，以表皮带有光泽、豆身大而饱满、结实坚硬、色泽优良，并有白色或红斑点者为佳。

◎怎么吃最科学◎

1. 花豆是美味佳品，炖鸡肉、炖排骨特别开胃，而且花豆还能促进脂肪分解，实为神奇的煲汤佳品。

2. 花豆也可以制成甜点或做成糕饼点心的馅料。

3. 无论用哪种食用方法，都要注意干花豆表皮坚硬，久煮不易烂，所以干花豆用水洗净后，应浸泡一夜，浸软、沥干后即可用来烹调成各式料理。如果是新鲜花豆，则可直接烹调。

特别提示

过敏体质的人不适合吃花豆，如食用，可能会引发不良反应。

花豆小米粥

材料：小米200克，花豆50克，冰糖适量。

做法：

1. 将花豆洗净，提前用水浸泡2小时；小米淘洗干净。

2. 将泡好的花豆与小米一起放入砂锅中，倒入冰糖，盖上锅盖，熬煮成稠粥。

> **功效**：此粥可强健体力、安心养神。

花豆黑米粥

材料：黑米200克，花豆80克，白糖适量。

做法：

1. 将花豆、黑米分别洗净，提前浸泡2小时。

2. 将泡好的黑米和花豆一起放入高压锅，加入适量清水，盖上锅盖接通电源，设定时间，煮好后保温5分钟，加入白糖调味即可。

> **功效**：此粥可滋阴壮阳、强身健体。

豇豆

◎性平，味甘，归脾、肾经。

营养成分表

豇豆所含的营养素
（每100克）

人体必需的营养素

热量	1407 千焦
蛋白质	19.3 克
脂肪	1.2 克
碳水化合物	65.6 克
膳食纤维	7.1 克

维生素

B₁（硫胺素）	0.16 毫克
B₂（核黄素）	0.08 毫克
烟酸（尼克酸）	1.9 毫克
E	8.61 毫克

矿物质

钙	40 毫克
锌	3.04 毫克
钠	6.8 毫克
钾	737 毫克
锰	1.07 毫克

养生功效

豇豆中含有较多的胱氨酸，胱氨酸是一种抗衰老的营养素，能保护人体免受有害重金属以及有害自由基的不良影响。豇豆的磷脂有促进胰岛素分泌、参加糖代谢的作用，是糖尿病人的理想食品。《本草纲目》言豇豆的功效为："理中益气，补肾健胃，和五脏，调营卫，生精髓。止消渴、吐逆、泻痢，小便数，解鼠莽毒。"

养生宜忌

一般人群均可食用，尤其适合糖尿病、肾虚、妇科功能性疾病患者食用。

选购要点

1. 颜色：新采摘的豇豆是深绿色的，很嫩，而时间久了的豇豆会变黄。

2. 外表：挑选外表光滑整齐的，有伤的豇豆会影响味道。

3. 长短：一般的豇豆长度为45厘米左右。

4. 粗细：选择中等粗细的豇豆。

◎怎么吃最科学◎

1. 豇豆的食法很多，但做之前一定要把豇豆豆荚中间的那一条老筋抽去。

2. 豇豆可以与肉丝同炒，是佐餐的佳肴。

3. 豇豆也可以做豆沙馅，用于制作糕点。

4. 豇豆还可以腌制，在制作的泡菜中加入适量的豇豆，极为爽口。

特别提示

生豇豆中含有两种对人体有害的物质：血素和毒蛋白。食用生豇豆或未炒熟的豇豆容易引起中毒。因此，一定要将豇豆充分加热煮熟或炒熟，或急火加热10分钟以上，以保证豇豆熟透，有害物质就会分解变成无毒物质了。

豇豆虾皮粥

材料：米饭 130 克，酸豇豆 70 克，油豆腐块 100 克，虾皮 10 克，盐、鸡精、油葱酥各适量。

做法：

1. 锅置火上，入水烧沸，倒入米饭。

2. 中小火熬至粥黏稠，倒入豇豆粒熬煮 10 分钟。

3. 倒入虾皮煮 5 分钟后，倒入油豆腐块，调入盐、鸡精拌匀，关火，舀入油葱酥即可。

> **功效**：此粥可补钙开胃、化痰理气。

豇豆蔬菜汤

材料：豇豆、西蓝花各 200 克，胡萝卜 100 克，蘑菇、小白菜各 50 克，豆腐 100 克，高汤 2000 毫升，盐、胡椒粉各适量。

做法：

1. 将蔬菜洗净，分别切块切段备用；豆腐切块备用。

2. 把骨汤、胡萝卜、豇豆一起倒入砂锅，大火煮开。

3. 加入西蓝花、蘑菇、小白菜、豆腐，再次煮开，转小火煲煮 10 分钟，加盐、胡椒粉调味即成。

> **功效**：此粥可美容养颜、去脂排毒。

绿豆

◎性凉，味甘，归心、胃经。

砒霜、草木一切诸毒"。

养生宜忌

一般人群均可食用，但是体质虚弱的人不要多食。从中医角度讲，寒性体质的人也不要多食绿豆。由于绿豆有解毒的功效，所以正在吃中药的人不要食用绿豆，以免降低药效。

选购要点

挑选绿豆，应挑选无霉烂、无虫口、无变质的绿豆。新鲜的绿豆应是鲜绿色的，老的绿豆颜色会发黄。

养生功效

绿豆淀粉中含有相当数量的低聚糖，所提供的能量值比其他谷物低，对于肥胖者和糖尿病患者有辅助治疗的作用。绿豆含有丰富的胰蛋白酶抑制剂，可以保护肝脏。绿豆不仅具有良好的食用价值，还具有非常好的药用价值。中医认为，绿豆可"厚肠胃、明目、治头风头痛、除吐逆、治痘毒、利肿胀"，以及"解金石、

◎怎么吃最科学◎

1. 绿豆可与大米、小米掺和起来制作干饭、稀饭等主食。
2. 绿豆也可磨成粉后制作糕点及小吃，例如绿豆糕、绿豆饼等。
3. 绿豆中的淀粉还是制作粉丝、粉皮及芡粉的原料，绿豆还可制成细沙做成各种点心的馅料。
4. 绿豆可熬制成绿豆汤，夏天饮用，有清热解署的功效。

特别提示

绿豆不宜煮得过烂，以免有机酸和维生素遭到破坏，降低清热解毒的功效。此外还需注意，绿豆忌用铁锅煮，否则绿豆中的类黄酮与金属离子发生反应，会干扰绿豆的抗氧化能力及食疗功效，并且会使汤汁变色。

绿豆杨梅糯米粥

材 料：绿豆、杨梅各适量，糯米 80 克，白糖 10 克。

做 法：

1. 将糯米、绿豆洗净泡发 2 小时，杨梅用淡盐水洗净。
2. 锅置火上，注入清水，放入绿豆、糯米煮至熟烂。
3. 再放入杨梅煮至粥成后，加白糖入味，即可食用。

功效：此粥酸甜可口，可开胃消食，是食欲不振者的粥补佳品。

绿豆红枣粥

材 料：糯米 200 克，绿豆 100 克，红枣 10 枚，白糖 20 克。

做 法：

1. 将绿豆提前浸泡 2 ~ 3 小时，糯米淘洗干净，红枣洗净、去核。
2. 砂锅置火上，加入适量的水，放入糯米、红枣、绿豆，大火煮沸，转小火煲 2 小时，加白糖调味即可。

功效：此粥可解毒消暑、益气补血。

绿豆海带粥

材 料：鲜海带200克，绿豆100克，大枣5枚，大米50克，干银耳10克，陈皮6克，枸杞子、冰糖各适量。

做 法：

1. 把鲜海带洗净切成细丝，入沸水中焯烫，捞出，沥干水分；绿豆提前浸泡2～3小时，大米淘洗干净，干银耳泡发并撕成小朵，陈皮、枸杞子、大枣洗净。

2. 砂锅内倒入清水2000毫升，加入大米、绿豆、海带、陈皮、银耳，大火煮沸，改用小火煮至绿豆开花，放入枸杞子、大枣、冰糖即可。

功效：此粥可消痰平喘、排毒通便。

豌豆

◎味甘，性平，归脾、胃经。

营养成分表

豌豆所含的营养素
（每 100 克）

人体必需的营养素	
热量	1395 千焦
蛋白质	20.3 克
脂肪	1.1 克
碳水化合物	65.8 克
膳食纤维	10.4 克
维生素	
B₁（硫胺素）	0.49 毫克
B₂（核黄素）	0.14 毫克
烟酸（尼克酸）	2.4 毫克
E	8.47 毫克
矿物质	
钙	97 毫克
锌	2.35 毫克
钠	9.7 毫克
钾	823 毫克
铁	4.9 毫克

养生功效

豌豆中含有丰富的膳食纤维，能促进大肠蠕动，保持大便通畅，起到清洁大肠的作用。豌豆还含有丰富的胡萝卜素，食用后可防止人体致癌物质的合成，从而减少癌细胞的形成，降低人体癌症的发病率。中医认为，豌豆有美容养颜、生津止渴、和中下气、通乳消胀的功效。

养生宜忌

一般人群均可食用。豌豆是铁和钾的上等来源，缺铁性贫血和因低钾而免疫力低下的患者可以适量多吃一些。但脾胃较弱者不宜食用过多豌豆，以免产生腹胀现象。

选购要点

挑选豌豆，一般以荚果扁圆形的最好，荚果为正圆形则过老，筋（背线）凹陷也表示过老。此外，可以手握一把豌豆，若咔嚓作响表示新鲜程度高。

怎么吃最科学

1. 豌豆适合与富含氨基酸的食物一起烹调，例如芝麻、猪血、鸡蛋、虾、鱼、牛奶、牛肉等，这样可以显著提高豌豆的营养价值。

2. 将豌豆磨成豌豆粉，可制作糕点、豆馅、粉丝、凉粉、面条、风味小吃的原料，如美味可口的豌豆黄等。

特别提示

多食豌豆会导致腹胀，故不宜长期大量食用。

豌豆腊肉糯米粥

材料：腊肉34克，糯米饭1碗，豌豆50克。

做法：

1. 将腊肉切成小块，与豌豆一起在炒锅中炒出香味，加入适量的盐。
2. 把炒好的腊肉跟米放进电饭煲，加足够的水，按煲粥键即可。

功效：此粥色香味俱全，入口绵软，营养丰富。

豌豆胡萝卜豆腐粥

材料：豆腐、豌豆、胡萝卜各50克，大米100克，盐适量。

做法：

1. 大米浸泡1小时左右；豆腐切丁，胡萝卜洗净、切丁。
2. 锅置火上，加入适量的水，放入大米、胡萝卜、豌豆，大火烧开后，转小火，加豆腐丁，小火煮至粥稠，加盐入味即可。

功效：此粥可调颜养身、益中平气。

芸豆

◎性温，味甘，归心、胃经。

营养成分表

芸豆所含的营养素
（每100克）

人体必需的营养素	
热量	1320 千焦
蛋白质	23.4 克
脂肪	1.4 克
碳水化合物	57.2 克
膳食纤维	9.8 克
维生素	
B$_1$（硫胺素）	0.18 毫克
B$_2$（核黄素）	0.26 毫克
烟酸（尼克酸）	2.4 毫克
E	6.16 毫克
矿物质	
钙	156 毫克
锌	1.2 毫克
钠	3.3 毫克
钾	809 毫克
镁	164 毫克

养生功效

现代医学研究发现，芸豆中的皂苷类物质能促进脂肪代谢，所含的膳食纤维还可加快食物消化，是减肥者的理想食品之一。芸豆含有皂苷、尿毒酶和多种球蛋白等独特成分，具有提高人体免疫力、增强抗病能力、激活淋巴 T 细胞、促进脱氧核糖核酸的合成等功能，对肿瘤细胞的发展有抑制作用。中医古籍记载，芸豆具有温中下气、利肠胃、止呃逆、益肾补元气等功用，是一种滋补食疗佳品。

养生宜忌

一般人群均可食用。芸豆是一种难得的高钾、高镁、低钠食品，尤其适合心脏病、动脉硬化、高血脂、低血钾症和忌盐患者食用。芸豆在消化吸收过程中会产生过多的气体，造成胀肚，故消化功能不良、有慢性消化道疾病的人应尽量少食。

选购要点

选购芸豆，应挑选豆荚饱满匀称、色泽青嫩、表皮平滑无虫痕的。皮老多皱纹、变黄或呈乳白色多筋者是老芸豆，不易煮烂。

◎怎么吃最科学◎

1. 芸豆的食用方法有很多，可以搭配其他食材一起做成主食食用，例如芸豆粥、芸豆饼、芸豆焖面等。

2. 芸豆还可以单独做成菜，用以佐餐，例如干煸芸豆、五香芸豆等。

3. 芸豆还可以加工成一些糕点的馅料，如芸豆月饼、芸豆卷等。

特别提示

芸豆中含皂素和血球凝集素两种有毒物质，这两种物质必须在高温下才能分解。所以无论通过哪种方法食用芸豆，一定要煮透才能吃。如果芸豆炒不熟，就不能彻底破坏这些有毒成分，极易导致中毒。预防方法，就是烹饪芸豆最好炖食，炒食时不要过于贪图脆嫩，应充分加热，使之彻底熟透，消除其毒性。

芸豆玉米渣粥

材料：玉米渣 500 克，大芸豆 100 克，大枣 20 克，桂圆肉 50 克，枸杞子 15 克，莲子 20 克，白糖 20 克。

做法：

① 将玉米渣、芸豆、莲子提前 1 小时用温水浸泡，大枣、桂圆肉、枸杞子洗净备用。

② 将玉米渣、芸豆、莲子一起下入温水锅中，大火烧开后转中火煨炖 30 分钟，再依次下入大枣、桂圆肉、枸杞子，烧开后改用小火煨炖直至汤黏、米烂加入白糖调味即可。

功效：此粥具有调中开胃、润肠通便的功效。

芸豆红花粥

材料：红花 10 克，芸豆 50 克，大米 100 克。

做法：

① 将红花、芸豆用温水浸泡 3 ~ 5 小时，大米淘洗干净。

② 锅置火上，加入适量的水，放入红花、芸豆、大米，大火煮沸，转小火煮至粥黏稠即可。

功效：此粥可降低关节局部炎性组织的含量，有明显的抗炎作用，对关节炎患者可起到消炎、缓解疼痛的功效。

红薯

◎性平、微凉，味甘，入脾、胃、大肠经。

营养成分表

红薯所含的营养素
（每100克）

人体必需的营养素	
热量	236 千焦
蛋白质	0.9 克
脂肪	0.1 克
碳水化合物	13.4 克
膳食纤维	0.8 克
维生素	
B₁（硫胺素）	0.03 毫克
B₂（核黄素）	0.03 毫克
烟酸（尼克酸）	0.3 毫克
E	0.86 毫克
矿物质	
钙	21 毫克
锌	0.23 毫克
钠	5.5 毫克
钾	111 毫克
锰	0.11 毫克

养生功效

红薯是一种物美价廉的健身长寿食品，有"土人参"的美称。我国医学工作者对广西西部的百岁老人之乡进行调查后发现，此地的长寿老人有一个共同的特点，就是习惯每日食红薯，甚至将其作为主食。红薯含有一种类似雌性激素的物质，对保护人体皮肤、延缓衰老有一定作用。红薯还是一种理想的减肥食品，其产热量低，且耐受消化酶的分解代谢，因而在体内的消化、吸收很缓慢，能够维持血糖平衡，减少饥饿感。中医言红薯可"补虚乏，益气力，健脾，强肾阴"。

养生宜忌

一般人群均可食用，但胃胀、胃溃疡、胃酸过多及糖尿病患者不宜多食。

选购要点

选购红薯，要选择外表干净、光滑、形状好、坚硬和发亮的。表面有伤的红薯不要买，因为不容易保存，易腐烂；表面有小黑洞的也不要选择，因为红薯内部很可能已经腐烂。

◎怎么吃最科学◎

①红薯缺少蛋白质和脂质，搭配蔬菜、水果及蛋白质食物一起吃，不会营养失衡。

②红薯最好在午餐这个黄金时段吃，有助于营养物质的吸收。

③红薯可以搭配五谷杂粮一起制成甜美的粥品，例如小米红薯粥、红薯玉米粥等。

④红薯也可以直接蒸煮后食用，味道甜美，营养丰富。但需注意，红薯一定要蒸熟煮透再吃，因为红薯中的淀粉颗粒不经高温破坏，难以消化。

⑤红薯还可以制作成菜品，例如拔丝地瓜、红薯丸子等。

特别提示

红薯不宜食用过多，每次以50～100克为宜，因为红薯含有一种氧化酶，这种酶易在人的胃肠道里产生大量的二氧化碳气体，如红薯吃得过多，会使人腹胀、呃逆、放屁。另外，红薯的含糖量较高，吃多了会刺激胃酸大量分泌，使人感到"胃灼热"。在食用时，搭配一些咸菜，可有效缓解这一情况。

红薯小米粥

材 料：老玉米渣、小米各 100 克，红薯 300 克，白糖适量。

做 法：

1. 红薯去皮切成小块，和老玉米渣、小米一起放锅里。

2. 加清水适量，大火烧开转中小火再煮沸 20 ~ 30 分钟至粥黏稠，加入白糖调味即可。

功效：此粥可安心养神、调养脾胃。

红薯牛奶粥

材 料：红薯 1 个，牛奶 500 毫升，江米面 25 克，盐 2 克。

做 法：

1. 将红薯洗干净，切成小块。

2. 把牛奶和红薯块放在搅拌机内一起绞碎，倒入碗内。

3. 将锅放在小火上，加入水 200 毫升，江米面内倒入少许的水调稀，倒入锅内，中火烧开，倒入牛奶红薯糊，快速搅拌，加盐调味即可。

功效：此粥可润肠通便，并可增强人体免疫功能、防癌抗癌、抗衰老、防止动脉硬化。

土豆

◎性平、微凉，味甘，入脾、胃、大肠经。

营养成分表

土豆所含的营养素（每100克）

人体必需的营养素

热量	323 千焦
蛋白质	2.0 克
脂肪	0.2 克
碳水化合物	17.2 克
膳食纤维	0.7 克

维生素

B₁（硫胺素）	0.08 毫克
B₂（核黄素）	0.04 毫克
烟酸（尼克酸）	1.1 毫克
E	0.34 毫克

矿物质

钙	8 毫克
锌	0.37 毫克
钠	2.7 毫克
钾	342 毫克
锰	0.14 毫克

养生功效

现代医学研究发现，上班族最易受到抑郁、灰心丧气、不安等负面情绪的困扰，常吃土豆能有效缓解这些症状。土豆还含有丰富的黏液蛋白，能促进消化道、呼吸道以及关节腔等的润滑，预防血管内的脂肪沉积，保持血管的弹性。中医认为，土豆有和胃健中、解毒消肿的功效，具有很高的营养和保健价值。

养生宜忌

一般人均可食用，但脾胃虚寒、易腹泻者应少食，糖尿病患者不要过度食用。

选购要点

1. 应挑选形状丰满，表面无伤痕、皱纹的。

2. 根据不同的烹饪方法，选择相应的品种：烘烤或者制作炸薯条，可选择形状长圆、外皮比较粗糙的土豆，这些土豆通常淀粉含量比较高；做炖肉的配菜、沙拉或煮浓汤，要挑选皮薄而光滑、形状各异的土豆，这种土豆通常淀粉含量低，而水分和糖分较高，在水中仍能成块。

◎怎么吃最科学◎

1. 土豆适用于炒、炖、烧、炸等烹调方法，例如炒土豆丝、土豆块炖牛肉、炸薯条等。

2. 凡腐烂、霉烂或生芽较多的土豆，因含过量龙葵素，极易引起中毒，一律不能食用。

3. 土豆宜去皮吃，有芽眼的部分应挖去，以免中毒。

4. 切好的土豆，如果在水中浸泡太久，会导致水溶性维生素等营养流失。

特别提示

土豆含有一种叫生物碱的有毒物质，人体摄入大量的生物碱，会引起中毒、恶心、腹泻等反应。这种有毒的化合物，土豆皮中含量更高，因此食用时一定要去皮，特别是要削净已变绿的皮。土豆去皮以后，如果一时不用，可以放入冷水中，再向水中滴几滴醋，可以使土豆不变色。

土豆大米粥

材料：土豆 100 克，大米 100 克。

做法：

1. 土豆去皮，清洗干净，切成小块。2. 将土豆和大米一起下入锅中，加入适量的水，大火煮沸，转小火煮至稠粥状即可。

功效：此粥有健脾和中、益气调中的功效。

土豆煲羊肉粥

材料：大米 120 克，羊肉 50 克，土豆 30 克，胡萝卜适量，盐 3 克，料酒 8 克，葱白 10 克，姜末、葱花少许。

做法：

1. 胡萝卜洗净，切块；土豆洗净，去皮，切小块；羊肉洗净，切片；大米淘净，泡好。2. 大米入锅，加水以旺火煮沸，下入羊肉、姜末、土豆，烹入料酒，转中火熬煮。3. 下入葱白，慢火熬煮成粥，调入盐调味，撒上葱花即可。

功效：此粥可增长肌肉、益气暖胃。

土豆蜂蜜粥

材料：新鲜土豆 250 克，大米 50 克，蜂蜜 15 克。

做法：

1. 将土豆洗净，切碎，大米淘洗干净。2. 锅置火上，加入适量的水，放入大米、土豆碎，大火煮沸，转小火煮至粥黏稠，盛出晾至 50℃左右，加入蜂蜜调匀即可。

功效：此粥可润肠通便、补充能量。

山药

◎性平，味甘，入肺、脾、肾经。

营养成分表

山药所含的营养素
（每100克）

人体必需的营养素	
热量	240 千焦
蛋白质	1.9 克
脂肪	0.2 克
碳水化合物	2.4 克
膳食纤维	0.8 克
维生素	
B₁（硫胺素）	0.05 毫克
B₂（核黄素）	0.02 毫克
烟酸（尼克酸）	0.3 毫克
E	0.24 毫克
矿物质	
钙	16 毫克
锌	0.27 毫克
钠	18.6 毫克
钾	213 毫克
锰	0.12 毫克

养生功效

山药含有丰富的黏蛋白，黏蛋白是一种多糖蛋白质的混合物，对人体具有特殊的保健作用：能防止脂肪沉积在心血管上，保持血管弹性，阻止动脉粥样硬化过早发生；可减少皮下脂肪堆积；能防止结缔组织的萎缩，预防类风湿关节炎、硬皮病等病症发生。中医认为，山药具有益肺气、养肺阴、健脾胃等多种养生保健功效。

养生宜忌

一般人群均可食用，适宜糖尿病患者、腹胀、病后虚弱者、慢性肾炎患者、长期腹泻者。山药有收涩的作用，故大便燥结者不宜食用。

选购要点

1. 看须毛：同一品种的山药，须毛越多的越好，这样的山药口感更面。

2. 掂重量：大小相同的山药，较重的更好。

3. 看断面：可掰断一小段山药，若断面呈雪白色，说明是新鲜的；若断面呈黄色似铁锈般，则不要购买。

◎怎么吃最科学◎

1. 山药的食用方法有很多，如鲜炒、晒干煎汤、煮粥，常见菜品有薏米山药粥、拔丝山药等。

2. 山药鲜品多用于虚劳咳嗽及消渴病，也可炒熟食用治脾胃、肾气亏虚。

3. 山药切片后需立即浸泡在盐水中，以防止氧化发黑。

特别提示

加工山药时，先用清水加少许醋清洗山药，可以减少山药切开时的黏液，避免滑刀伤手。另外需注意，山药皮容易导致皮肤过敏，所以最好用削皮的方式，并且削完山药的手不要乱碰，马上多洗几遍手。

山药枸杞子粥

材料：大米100克，山药100克，枸杞子20克。

做法：

① 大米淘洗干净，山药洗净去皮，切小块，枸杞子洗净。② 砂锅置火上，加入适量的水，放入大米、山药，大火煮沸，转小火熬煮2小时，加入枸杞子，再熬30分钟即可。

功效：此粥可平肝明目、调养身体。

山药薏米粥

材料：干山药30克，薏米30克，莲子（去心）15克，大枣10枚，小米100克，白糖少许。

做法：

① 干山药润透，薏米、莲子、大枣、小米均洗净。② 砂锅置火上，放入适量的水，放入薏米、莲子、大枣、小米、山药，大火煮沸，转小火熬至粥成，加白糖少许调匀即可。

功效：此粥可补脾益气、清热利湿、养阴健脾，适用于脾虚、食少纳呆、腹胀便溏、肢体无力等症。

山药萝卜粥

材料：大米100克，鲜山药300克，白萝卜200克，芹菜末少许，盐、胡椒粉、香菜各适量。

做法：

① 大米淘洗干净，山药和白萝卜均去皮洗净切小块。② 锅置火上，放入适量的水，放入大米、山药、白萝卜大火煮沸，改中小火熬煮30分钟。加盐拌匀，食用前撒上胡椒粉、芹菜末及香菜即可。

功效：此粥可滋阴补阳，对于女性丰胸、肌肤防皱、美容养颜、瘦身消肿均有效果。

芋头

◎性平，味甘、辛，有小毒，归肠、胃经。

营养成分表

芋头所含的营养素
（每100克）

人体必需的营养素	
热量	339 千焦
蛋白质	2.2 克
脂肪	0.2 克
碳水化合物	18.1 克
膳食纤维	1.0 克
维生素	
B₁（硫胺素）	0.06 毫克
B₂（核黄素）	0.05 毫克
烟酸（尼克酸）	0.7 毫克
E	0.45 毫克
矿物质	
钙	36 毫克
锌	0.49 毫克
钠	33.1 毫克
钾	378 毫克
锰	0.30 毫克

养生功效

芋头为碱性食品，能中和体内积存的酸性物质，调整人体的酸碱平衡，有美容养颜、乌黑头发的作用，还可用来防治胃酸过多症。芋头含有一种黏液蛋白，被人体吸收后能产生免疫球蛋白，可提高机体的抵抗力。中医认为，芋头能解毒，对人体的痈肿毒痛包括癌毒有抑制消解作用。芋头还含有丰富的黏液皂素及多种微量元素，可帮助机体纠正微量元素缺乏导致的生理异常，增进食欲，帮助消化，故中医认为芋头可补中益气。

养生宜忌

一般人群均可食用，尤其适合身体虚弱者食用。有痰、过敏性体质（荨麻疹、湿疹、哮喘、过敏性鼻炎）者、小儿食滞、糖尿病患者应少食。

选购要点

选购芋头，以选择结实、没有斑点、没有腐败处、体形匀称、拿起来重量轻的、切开来肉质细白的为佳。

◎怎么吃最科学◎

1. 芋头可作为主食，直接洗净后蒸熟蘸糖食用。

2. 芋头还可以用来制作菜肴、点心，是人们喜爱的根茎类食品。

3. 加工芋头时，一定要做熟再食用，否则其中的黏液会刺激咽喉。

4. 芋头的黏液中含有一种复杂的化合物，遇热能被分解，这种物质对机体有治疗作用，但对皮肤黏膜有强烈的刺激。

特别提示

生剥芋头皮时需小心，因为芋头的黏液中含有皂素，能导致皮肤发痒。为避免这种情况，可在剥芋头皮时，倒点儿醋在手中，搓一搓再削皮，就不会被芋头伤到了。另外，削了皮的芋头碰上水再接触皮肤，就会更痒了，所以芋头不用先洗就去皮，并保持手部的干燥，可以减少痒的发生。如果不小心接触导致皮肤发痒时，涂抹生姜，或在火上烘烤片刻，或将手浸泡在醋水中都可以止痒。

芋头银耳粥

材 料：干银耳 10 克，大米 100 克，山药、芋头各 100 克，枸杞、冰糖适量。

做 法：

1. 山药、芋头去皮洗净；干银耳泡发，去蒂，撕成小朵；大米淘洗干净；枸杞洗净。

2. 汤锅置火上，放入适量的水，放入大米、银耳煮至八成熟，再放入山药、芋头、冰糖，煮至大米开花，粥黏稠，撒上枸杞即可。

功效：此粥可调养身体、美容养颜。

南瓜

◎性温，味甘，入脾、胃经。

营养成分表

南瓜所含的营养素
（每100克）

人体必需的营养素	
热量	97 千焦
蛋白质	0.7 克
脂肪	0.1 克
碳水化合物	5.3 克
膳食纤维	0.8 克
维生素	
B₁（硫胺素）	0.03 毫克
B₂（核黄素）	0.04 毫克
烟酸（尼克酸）	0.4 毫克
E	0.36 毫克
矿物质	
钙	16 毫克
锌	0.14 毫克
钠	0.8 毫克
钾	145 毫克
锰	0.08 毫克

养生功效

南瓜中含有的多糖是一种非特异性免疫增强剂，能提高人体的免疫功能，其所含的类胡萝卜素在人体内可转化成维生素A，可有效地保护眼睛、促进骨骼发育。南瓜还含有丰富的钴，钴能活跃人体的新陈代谢，促进造血功能，并参与人体内维生素B₁₂的合成，是人体胰岛细胞所必需的微量元素，对防治糖尿病、降低血糖有特殊的疗效。中医古籍上言南瓜有"补中益气、平和肝胃、和血养血、通经络、利血脉"等功效。

养生宜忌

一般人群均可食用。适宜糖尿病患者、肥胖者以及老年人便秘者食用。南瓜性温，胃热炽盛者、气滞中满者、湿热气滞者少吃；《本草纲目》言南瓜"多食发脚气、黄疸"，故患有脚气、黄疸、气滞湿阻的病人忌食。

选购要点

1. 选外形完整的，表面有损伤、虫害或斑点的不宜选购。

2. 选瓜梗蒂连着瓜身的，这样可保存较长时间。

3. 可用手掐一下南瓜皮，如果表皮坚硬不留痕迹，说明南瓜老熟，这样的南瓜较甜。

◎怎么吃最科学◎

①南瓜可蒸、煮食，或煎汤服。

②可把南瓜制成南瓜粉，适宜糖尿病人长期少量食用。

③南瓜也可凉拌食用，具体方法为：洗净切片，用盐腌6小时后，以食醋凉拌佐餐，可减淡面部色素沉着，防治青春痘。

特别提示

南瓜是发物，吃中药期间不要吃南瓜。另外，南瓜不能多吃、常吃。吃太多南瓜后，南瓜里的β-胡萝卜素过量就会沉积在人体表皮的角质层中，很长时间都消除不掉，这被称为胡萝卜素黄皮症，具体表现是：鼻子、人中、眼睛周围、口周等都会逐渐变成柠檬黄的颜色。

南瓜黄芪粥

材料：黄芪粉6克，南瓜、大米各50克，饴糖16克。

做法：

1. 将南瓜去皮，洗净，切成丁；大米淘洗干净。

2. 锅置火上，放入适量的水，加入南瓜块、大米，大火煮沸，转小火煮至粥将熟时，拌入黄芪粉，加饴糖，稍煮即可。

功效：此粥可补气安胎，适用于先兆流产者饮用。

南瓜瘦肉蔬菜粥

材料：米饭100克，南瓜100克，鸡蛋1个，白萝卜、胡萝卜、猪里脊肉各20克，香油、植物油各5克，生抽、姜末、姜丝、盐各适量。

做法：

1. 把猪里脊肉切成肉末，加鸡蛋、生抽和姜末搅拌均匀，再加入香油，备用；南瓜、胡萝卜、白萝卜分别洗净，去皮，切成小丁。

2. 热锅加少许油，把肉末炒成小肉糊，盛出；用剩余的油把蔬菜丁炒五成熟，烹入生抽，盛出。

3. 另起锅，放入适量的水，倒入米饭，大火煮开后，加入以上炒好的蔬菜丁和肉末，转小火煮至蔬菜丁软烂，撒上姜丝，加盐调味即可。

功效：此粥可润肠通便、排毒养颜、补血益气。

藕

◎性温，味甘，归心、脾、胃、肝、肺经。

营养成分表

藕所含的营养素
（每100克）

人体必需的营养素

热量	304 千焦
蛋白质	1.9 克
脂肪	0.2 克
碳水化合物	16.4 克
膳食纤维	1.2 克
维生素	
B₁（硫胺素）	0.09 毫克
B₂（核黄素）	0.03 毫克
烟酸（尼克酸）	0.3 毫克
E	0.73 毫克
矿物质	
钙	39 毫克
锌	0.23 毫克
钠	44.2 毫克
钾	243 毫克
锰	1.3 毫克

养生功效

藕生啖熟食两相宜，有多种养生保健功效。研究发现，藕含铁量较高，适宜缺铁性贫血的患者食用。藕的含糖量不是很高，又含有大量的维生素 C 和食物纤维，对于肝病、便秘、糖尿病等有虚弱之症的人都十分有益。藕不论生熟，都具有很好的药用价值，中医认为，藕可消瘀凉血、清烦热、止呕渴，适用于烦渴、酒醉、咳血、吐血等症。

养生宜忌

一般人群均可食用，尤其适宜肝病、便秘、糖尿病，瘀血、吐血、衄血、尿血、便血的人以及产妇等一切有虚弱之症的人。但由于藕性偏凉，故产妇不宜过早食用，一般应在产后 1～2 周后再吃。

特别提示

加工藕时忌用铁器，以免导致食物发黑。

选购要点

1. 选购莲藕，要挑选外皮呈黄褐色、肉肥厚而白的，如果发黑有异味，则不宜食用。

2. 选择藕节短、藕身粗的为好，从藕尖数起第二节藕最好。

◎怎么吃最科学◎

1. 藕的食用方法有很多，可生食、烹食、捣汁饮，或晒干磨粉煮粥，如制作糖醋藕、莲藕薏米汁、莲藕粉糊等。

2. 藕适用于炒、炖、炸及做菜肴的配料，如八宝酿藕、炸藕盒等。

莲藕虾仁粥

材料: 大米100克，鲜虾80克，莲藕50克，葱10克，胡椒粉2克，盐4克，香油3克。

做法:

1. 将鲜虾去壳，挑出上下两条黑线，洗净后沥干水分，放入盐1克、胡椒粉2克调味；莲藕去皮，切成均匀薄片；葱洗净切成葱末；大米淘洗干净，备用。

2. 瓦煲置火上，放入大米、藕片和水适量，大火煮沸后，转小火煮至大米开花。

3. 粥体白色黏稠时，加入虾仁、盐，改大火煮1分钟左右关火，撒上葱末，淋上香油，即可食用。

功效: 此粥可补心生血、健脾开胃。

莲藕桂花糖粥

材料: 糯米200克，鲜藕100克，花生、大枣各50克，白糖150克，桂花酱15克。

做法:

1. 将糯米淘洗干净，放入清水中浸泡3小时；大枣去核、洗净；花生用清水洗净备用。

2. 将鲜藕洗净，去皮，切成片，再放入沸水锅中，加入白糖，用小火煮至熟烂，制成糖藕待用。

3. 锅置火上，加入清水烧开，放入糯米煮至米粒开花，放入桂花酱、糖藕、花生、大枣，转小火煮至熟烂，即可盛入碗中食用。

功效: 此粥可补养身体、延年益寿。

白果

◎性平，味甘、苦、涩，有小毒，归肺、肾经。

营养成分表

白果所含的营养素（每100克）

人体必需的营养素	
热量	1485 千焦
蛋白质	13.2 克
脂肪	1.3 克
碳水化合物	72.6 克
维生素	
B₂（核黄素）	0.10 毫克
E	24.70 毫克
矿物质	
钙	54 毫克
锌	0.69 毫克
钠	17.5 毫克
钾	17 毫克
锰	2.03 毫克
磷	23 毫克
铜	0.45 毫克

养生功效

现代医学研究发现，白果叶中含有莽草酸、白果双黄酮、异白果双黄酮、甾醇等，对治疗高血压及冠心病、心绞痛、脑血管痉挛、血清胆固醇过高等病症有一定效果。中医认为，白果性味甘、苦，有小毒，能敛肺气、定痰喘、止带浊、止泄泻、解毒、缩小便，主治带下白浊、小便频数、遗尿等。

养生宜忌

一般人均可食用，尤其适宜尿频者、体虚白带的女性食用，但因白果具有一定毒性，孕妇及婴幼儿要慎食。

选购要点

1. 观其外观：优质的白果外表洁白、无霉点、无裂痕，新鲜的白果种仁黄绿，若种仁灰白粗糙、有黑斑，则表明其干缩变质。

2. 闻其味道：种仁无任何异味的表明未变质，如果有臭味，虽未霉变干缩，但也说明其开始变质。

3. 听其声音：摇动种核无声音者为佳，有声响者表明种仁已干缩变质。

◎怎么吃最科学◎

1. 白果可以加在很多菜肴中作为配料。
2. 白果可以加工成白果羹，清香可口。
3. 白果还可以制作成饮品，具有明显的滋补身体的作用。
4. 白果仁还可用来制作糕点，可以增加糕点的糯性和口感。

特别提示

白果有少量毒性，食用的用量和食法不当，例如生食或炒食过量都可致中毒，所以一定要掌握用量，预防白果中毒。具体方法：① 成人生食5～7粒，小儿根据年龄体重每次2～5粒，隔4小时后可再服用。② 生食一定去壳、去红软膜、去心（胚芽）。③ 熟食，每次20～30粒为宜。

如果发生白果中毒，仓促间可用以下方法急救：① 白果壳50克煎汤内服。② 鸡蛋清内服。③ 绿豆100克煎汤内服。

白果腐皮粥

材 料: 白果 12 克，腐皮 80 克，大米 100 克。

做 法:

① 白果洗净，去壳、心、外衣；大米淘洗干净；腐皮洗净，切丝。② 锅置火上，加适量水，放入白果、腐皮、大米，大火煮沸，转小火熬煮至粥成即可。

功效: 此粥可补肾益肺，适用于早泄、遗尿、小便频数、白带过多、肺虚咳喘等。

白果小米粥

材 料: 白果 15 克，小米 100 克，冰糖适量。

做 法:

① 将白果去壳、外衣，洗净；小米淘洗干净。② 将小米倒入电饭煲中并加入适量水，放入白果，加入适量冰糖，按煮粥键煮至小米粥浓稠即可。

功效: 此粥可敛肺平喘、健脾养胃。

白果干贝粥

材 料: 大米 100 克，新鲜白果仁 50 克，干贝、盐、鸡精、葱末各适量。

做 法:

① 大米、白果仁分别洗净，干贝清洗干净、撕成小块。② 锅置火上，放入适量的水，放入大米熬煮成粥，加入干贝和白果仁继续熬煮30分钟，加入盐、鸡精调味，撒上葱末即可。

功效: 此粥可滋阴补血、益气健脾。

百合

◎性微寒，味苦，归心、肺经。

营养成分表

百合所含的营养素
（每100克）

人体必需的营养素	
热量	677.16 千焦
蛋白质	3.2 克
脂肪	0.1 克
碳水化合物	38.8 克
膳食纤维	1.7 克
维生素	
B₁（硫胺素）	0.02 毫克
B₂（核黄素）	0.04 毫克
E	0.5 毫克
矿物质	
钙	11 毫克
锌	0.5 毫克
钠	6.7 毫克
钾	510 毫克
锰	0.35 毫克

养生功效

百合是日常生活中最为常见的食品，它也是一味安神定心、润肺止咳的良药。中医认为，百合具润肺止咳、清心安神的功效，很多流传多年的中医良方里就有百合，例如百花膏、百合固金丸等，临床可用于治疗肺热咳嗽、咯血、虚烦惊悸、失眠多梦等症。现代研究发现，百合含有一些特殊的营养成分，如秋水仙碱等多种生物碱，这些成分综合作用于人体，有很好的营养滋补功效，而且对秋季气候干燥引起的多种季节性疾病有一定的防治作用。

养生宜忌

百合为药食兼优的滋补佳品，四季皆可用，但更宜于秋季食用。百合适宜体虚肺弱、慢性支气管炎、肺气肿、咳嗽、神志恍惚、心悸怔忡、睡眠不宁、肺癌、鼻癌及其化疗放疗后患者食用。但由于百合性偏凉，风寒咳嗽、脾胃虚弱、寒湿久滞、肾阳衰退者不宜食用。

选购要点

1. 选购鲜百合时，以肉质肥厚、叶瓣均匀为好。

2. 选购干百合时，颜色不可太白、手搓无粉状黏腻物、条状要好、黑斑少、质地略沉实，以这样的为佳。

◎怎么吃最科学◎

1. 百合可以和很多肉类一起搭配做菜，色香味俱佳。

2. 百合经过加工，可以制作成罐头食品、百合干、百合粉等。

3. 百合可作为糕点的馅料，或者糕点的点缀品。

4. 百合可以泡制成饮品饮用，具有清心安神的功效，尤其适宜夏天饮用。

特别提示

科学实验证实：百合含有秋水仙碱，长时间、大剂量食用会导致肺、肾的损坏及对白细胞、血小板造成不良影响，即使是食用百合也有一定毒性，建议食用前向医师咨询。

百合雪梨粥

材料：百合35克，雪梨1个，大米50克，糯米50克，冰糖30克。

做法：

① 将百合、大米、糯米淘洗干净，雪梨洗净去皮，切成小块。

② 锅置火上，放入适量的水，放入百合、大米和糯米，大火煮沸，放入梨块，转小火熬煮50分钟至粥成，放入冰糖继续煮10分钟即可。

功效：此粥可清热润肺、化痰利水。

百合蜜瓜粥

材料：大米100克，鲜百合50克，哈密瓜200克，冰糖适量。

做法：

① 百合瓣开洗净，大米淘洗干净，哈密瓜去皮、洗净切碎，打成泥。

② 锅置火上，放入适量的水，放入百合、大米，大火煮沸后转小火慢炖约1小时，倒入蜜瓜泥，再放一些切碎的蜜瓜粒，加入冰糖，继续煮5分钟即可。

功效：此粥可宁心安神、美容养颜。

杏仁

◎性温，味苦，有小毒，归肺、脾、大肠经。

营养成分表

杏仁所含的营养素（每100克）

人体必需的营养素	
热量	2419 千焦
蛋白质	22.5 克
脂肪	45.4 克
碳水化合物	23.9 克
膳食纤维	8.0 克
维生素	
B_1（硫胺素）	0.08 毫克
B_2（核黄素）	0.56 毫克
C	26 毫克
E	18.53 毫克
矿物质	
钙	97 毫克
锌	4.3 毫克
钠	8.3 毫克
钾	106 毫克
锰	0.77 毫克

养生功效

杏仁味苦下气，富含脂肪油。脂肪油能提高肠内容物对黏膜的润滑作用，故杏仁有润肠通便之功能。杏仁中所含的脂肪油可使皮肤角质层软化，润燥护肤，有保护神经末梢血管和组织器官的作用，并可抑杀细菌；维生素E能促进皮肤微循环，使皮肤红润光泽。医学实验证明，杏仁苷可特异性地抑制阿脲所致的血糖升高，作用强度与血液中杏仁苷的浓度有关。《本草纲目》言："杏仁能散能降，故解肌、散风、降气、润燥、消积，治伤损药中用之。治疮杀虫，用其毒也。治风寒肺病药中，亦有连皮兼用者，取其发散也。"

养生宜忌

一般人群均可食用。适宜呼吸系统有问题的人、癌症患者以及术后放化疗的人食用。但因杏仁具有一定毒性，婴幼儿要慎用。

选购要点

1. 购买杏核要选择壳不分裂，没有发霉的。

2. 购买散装的杏仁，要挑选饱满、有光泽的，软掉的或干枯的不宜选购。

◎怎么吃最科学◎

杏仁营养丰富，食用方法多样，因其有苦甜之分，食用方法也有所不同。甜杏仁可以作为休闲小吃，也可做凉菜用；苦杏仁一般用来入药，但有小毒，不能多吃。

特别提示

因为杏仁含有毒物质氢氰酸（100克苦杏仁分解释放氢氰酸100～250毫克，氢氰酸致死剂量为60毫克，甜杏仁的氢氰酸含量约为苦杏仁的三分之一），日食量以10～20克为宜，过量服用可致中毒。所以，食用前必须先在水中浸泡多次，并加热煮沸，减少以至消除其中的有毒物质。

杏仁丝瓜排骨粥

材 料：新鲜丝瓜40克，排骨100克，大米50克，杏仁、姜片、盐各适量。

做法：

①丝瓜洗净后去皮、切片，杏仁热水去皮，排骨洗净、入沸水氽烫，大米洗净浸泡30分钟备用。

②锅置火上，放入适量的水，依次放入排骨、姜片，大火煮沸后转小火慢炖约1小时。

③加入大米、杏仁，中火煮沸，转小火慢炖30分钟，再放入丝瓜，加盐继续煮10分钟即可。

功效：此粥具有清热解毒、消炎祛暑的作用，适合体弱者、年老者以及儿童食用。

杏仁百合枇杷粥

材 料：大米50克，杏仁12克，干百合15克，枇杷20克，鸭梨20克，蜂蜜5克。

做法：

①大米淘洗干净，杏仁、干百合分别润透、洗净，梨、枇杷去皮切成丁。

②锅置火上，放入适量的水，大火煮沸，依次放入百合、杏仁和大米，大火煮沸，转小火熬煮30分钟，放入枇杷丁，稍稍搅拌，再放入梨丁，熬煮至粥成，食用时调入蜂蜜拌匀即可。

功效：此粥适用于秋燥伤阴、干咳少痰、皮肤干燥的时节。

荸荠

◎性寒，味甘，归肺、胃经。

营养成分表

荸荠所含的营养素
（每100克）

人体必需的营养素

热量	246千焦
蛋白质	1.2 克
脂肪	0.2 克
碳水化合物	14.2 克
膳食纤维	1.1 克

维生素

B₁（硫胺素）	0.02 毫克
B₂（核黄素）	0.02 毫克
E	0.65 毫克

矿物质

钙	4 毫克
锌	0.34 毫克
钠	15.7 毫克
钾	306 毫克
锰	0.11 毫克

养生功效

荸荠富含淀粉、蛋白质、脂肪、钙及多种维生素等营养成分，是夏季理想果品，无论生食或熟食，均属清热、祛暑、生津、止渴的佳品。中医认为，荸荠性甘味寒，入肺、胃二经，有清心泻火、润肺凉肝、消食化痰、利尿明目之功效。现代医学研究也肯定了荸荠的养生功效，当咽喉干痛、肺有热气、眼球红赤、口鼻烘热、咳吐黄痰时，吃荸荠非常奏效。炎夏时容易发生暑热下痢，饮用荸荠汁，也能清理肠胃热滞污秽，可收到辅助治疗的效果。

养生宜忌

一般人群均可食用，尤其适宜儿童和发热病人。另外，咳嗽多痰、咽干喉痛、消化不良、大小便不利、癌症患者也可多食。但小儿消化力弱、脾胃虚寒、有血瘀者不宜食用。

选购要点

1. 看颜色：选购荸荠以颜色红一点儿的为好，这样的口感更好一些。

2. 捏硬度：捏上去硬一点儿，表面不能有破损。

◎怎么吃最科学◎

1. 荸荠不宜生吃，因其生长在泥中，外皮和内部都有可能附着较多的细菌和寄生虫，所以最好洗净煮透后食用。

2. 荸荠也可烹饪成佳肴，荤素皆宜，例如荸荠丸子、煮荸荠、荸荠炒虾仁等。

3. 荸荠可制作成饮品，既可清热生津，又可补充营养，最宜用于发热病人，例如可以做成荸荠粉，其制作方法与藕粉的方法大致相同，冲饮时比藕粉更加浓厚，味道也更加爽口。

特别提示

荸荠虽然营养丰富，具有一定的养生功效，但老年人需要注意食用量，多吃会气急攻心。

荸荠大米粥

材 料：大米 100 克，鲜荸荠 50 克，白砂糖 20 克。

做 法：

① 将荸荠去皮并洗净，大米淘洗干净。② 砂锅置火上，放入适量的水，放入大米、荸荠，大火煮沸，转小火熬煮 30 分钟至粥成，加入白砂糖调味即可。

功效：此粥可清热凉肝、生津止渴。

荸荠萝卜粥

材 料：鲜荸荠 10 枚，鲜萝卜汁 500 毫升，大米 30 克，白糖适量。

做 法：

① 将鲜荸荠削皮、洗净，大米淘洗干净。② 砂锅置火上，倒入鲜萝卜汁，放入大米、荸荠，大火煮沸，转小火熬煮至粥成，加入白糖调味即可。

功效：此粥可清热养阴、解毒消炎，适合疹后伤阴咳嗽者饮用。

荸荠薏米粥

材 料：当归 15 克，荸荠 30 克，薏米 100 克，蜂蜜 20 克。

做 法：

① 将当归洗净，润透切成片，入锅煮 30 分钟，去渣留汁；荸荠去皮洗净，切小粒；薏米用清水浸泡后淘洗干净。② 砂锅置火上，倒入当归汁，放入适量的水，放入荸荠粒、薏米，大火煮沸，转小火熬煮至粥成，食用时加蜂蜜调味即可。

功效：此粥适于咽喉肿痛、痰热咳嗽等症。

菱角

◎性寒，味甘，无毒，归脾、胃经。

营养成分表

菱角所含的营养素
（每100克）

人体必需的营养素

热量	423千焦
蛋白质	4.5克
脂肪	0.1克
碳水化合物	21.4克
膳食纤维	1.7克

维生素

B₁（硫胺素）	0.19毫克
B₂（核黄素）	0.06毫克
烟酸（尼克酸）	1.5毫克

矿物质

钙	7毫克
锌	0.62毫克
钠	5.8毫克
钾	437毫克
锰	0.38毫克

养生功效

菱角是一种水生的食物，含有丰富的淀粉、蛋白质、葡萄糖、不饱和脂肪酸、多种维生素、胡萝卜素及钙、锌、钾等微量元素。《本草纲目》中说："菱角能补脾胃，强股膝，健力益气，菱粉粥有益胃肠，可解内热，老年人常食有益。"古人认为多吃菱角可以补五脏，除百病，可轻身。所谓轻身，就是有减肥健美作用，因为菱角不含使人发胖的脂肪。

养生宜忌

一般人群均可食用菱角，但需要注意，菱角生吃过多会损伤脾胃，所以最好煮熟后食用。

选购要点

根据食用方法的不同，菱角的选购要点也不同。如果生食，要挑选嫩菱，吃起来味甜清香，而煮食则以老菱为佳，煮熟越嚼越香。

特别提示

食用菱角时要注意不宜过量，注意不宜同猪肉同煮食用，易引起腹痛。

◎怎么吃最科学◎

1. 菱角的食用方法多样，如可直接当作鲜果生吃，味道甜美。

2. 菱角可以搭配其他食材加工成菜肴，如菱角烧豆腐、菱角炒草菇等。

3. 菱角还可以磨成粉搭配糯米粉制作成糕点食用，也可打成汁，制成饮品，具有消热解暑、除烦止渴的功效。

菱角红豆粥

材料：红豆、菱角各 50 克，大米 100 克。

做法：

① 将菱角煮熟去壳，切成米粒大小，红豆、大米分别淘洗干净。

② 砂锅置火上，放入适量的水，放入红豆、菱角、大米，大火煮沸，转小火熬煮 3 小时即可。

> **功效**：此粥可利尿通乳、止消渴、解酒毒。

菱角薏米粥

材料：菱角 50 克，薏米、大米各 50 克，红糖适量。

做法：

① 将菱角煮熟去壳，切成米粒大小；薏米用清水浸泡后淘洗干净；大米淘洗干净。

② 锅置火上，放入适量的水，放入薏米、大米，大火煮沸，转小火熬煮。

③ 粥将成时，加入菱角，继续煮至粥成，加入红糖调味即可。

> **功效**：此粥具有补脾胃、强股膝、健力益气的功效。

茯苓

◎性平，味甘、淡，归心、肺、脾、肾经。

营养成分表

茯苓所含的营养素
（每100克）

人体必需的营养素	
热量	66.88 千焦
蛋白质	1.2 克
脂肪	0.5 克
碳水化合物	82.6 克
膳食纤维	80.9 克
维生素	
B₁（硫胺素）	0.1 毫克
B₂（核黄素）	0.11 毫克
E	0.1 毫克
矿物质	
钙	2 毫克
锌	0.44 毫克
钠	1 毫克
钾	58 毫克
锰	1.39 毫克

养生功效

古人对茯苓的养生功效推崇备至，因为茯苓生长在土壤中，而且是在大树根部附近，他们认为那是大树之精化生的奇物，认为它能收敛巽木之气，让其趋向收藏。中医认为，茯苓有健脾利尿、镇静安神的功效，可有效增强人体的免疫能力，被誉为中药"四君八珍"之一。现代医学研究发现，食用茯苓能使血液中氧合血红蛋白释放更多的氧，以供给组织细胞，所以非常适合工作紧张、压力大的白领人士服用。

养生宜忌

一般人群都可食用茯苓，尤其适宜水肿、尿少、眩晕心悸、食欲不振、失眠多梦者。因茯苓的功效所限，肾虚多尿、虚寒滑精、气虚下陷、津伤口干者需慎服。

选购要点

1. 看表面：外皮呈褐色而略带光泽、皱纹深的为佳。

2. 掂重量：体重坚实为好。

3. 看断面：将茯苓切一块，观其断面，白色细腻是良品。

4. 尝黏度：将一小块放进嘴里咀嚼，黏牙力强者为佳。

特别提示

《药性论》记载，茯苓与醋不能同食。

◎怎么吃最科学◎

① 茯苓有多种食用方法，最简单的是把茯苓切成块之后煮着吃。

② 在煮粥的时候可以加一些茯苓，也可以把茯苓打成粉，在粥快好的时候放进去，这样人体就更容易吸收了。

③ 茯苓可以磨成粉，搭配面粉、薏米等食材，做成茯苓饼食用，最适合小儿食用，有和脾胃的功效。

④ 茯苓可以蒸熟后加牛奶制成茯苓膏，是我国古代宫中流传下来的保健食品。

⑤ 茯苓可制成饮品食用，有健脾和胃之效，可治妊娠呕吐。

茯苓大米粥

材料：茯苓10克，大米100克，黑豆30克，何首乌10克，冰糖15克。

做法：

 将茯苓润透，研成细粉；何首乌、黑豆洗净，同煮熟，何首乌切片；大米淘洗干净；冰糖打碎成屑。❷ 锅置火上，放入适量的水，放入茯苓粉、何首乌、大米，大火煮沸，转小火熬煮35分钟至粥黏稠，加入冰糖屑调味即可。

功效：此粥可健脾养胃、生发护发，适宜肠胃不和、暑热吐泻、须发早白者饮用。

茯苓海参粥

材料：水发海参1只，大米200克，茯苓30克，薏米30克，杏仁15克，百合30克，盐适量。

做法：

❶ 把大米、薏米、百合洗净；海参洗净切片；茯苓晒干磨碎末。❷ 将大米和薏米放入砂锅中，再加入适量的开水，上火用大火煮开。❸ 水开后把处理好的杏仁、百合、茯苓、海参一起倒进锅里，换小火煮40分钟，煮至粥黏稠，加入适量的盐，搅拌均匀，即可食用。

功效：此粥可补肾益气、填精养血。

茯苓陈皮粥

材料：陈皮、茯苓各10克，大米100克，白糖适量。

做法：

❶ 将陈皮、茯苓洗净，润透，大米淘洗干净。❷ 锅置火上，加适量水，放入陈皮、茯苓大火煮沸，转小火煎煮15分钟，去渣取汁。❸ 将煮好的陈皮茯苓水和大米一同放入锅内，熬煮成粥，食用时加白糖调味即可。

功效：此粥可健脾燥湿、化痰祛脂。

枸杞子

◎性平，味甘，归肝、肾、肺经。

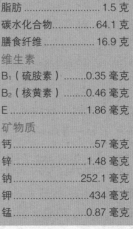

营养成分表

枸杞子所含的营养素
（每100克）

人体必需的营养素

热量	1078 千焦
蛋白质	13.9 克
脂肪	1.5 克
碳水化合物	64.1 克
膳食纤维	16.9 克

维生素

B_1（硫胺素）	0.35 毫克
B_2（核黄素）	0.46 毫克
E	1.86 毫克

矿物质

钙	57 毫克
锌	1.48 毫克
钠	252.1 毫克
钾	434 毫克
锰	0.87 毫克

养生功效

枸杞子不仅含锌、钾、钙等物质，而且还含有大量的糖、脂肪、蛋白质及氨基酸、多糖色素、维生素等。中医认为，枸杞子具有补肾益精、养肝明目、补血安神、生津止渴、润肺止咳的功效。现代药理对枸杞子做了更深入的研究，认为其可提高机体免疫力、抗突变、延缓衰老、抗肿瘤、降低血脂、降低胆固醇、抗疲劳、明目、保护肝脏。

养生宜忌

一般人都可食用枸杞子，尤其适宜体质虚弱、抵抗力差的人，但由于其温热身体的效果相当强，正在感冒发热、身体有炎症、腹泻的人最好别吃。

特别提示

一般来说，健康的成年人每天吃20克左右的枸杞子比较合适。如果想起到治疗的效果，每天最好吃30克左右，不要过量食用。

选购要点

1. 看产地：一般来说，宁夏地区出产优质的枸杞子，现在新疆有部分地区引种生产的枸杞子品质也相当不错，应当优先选用这两个产地出产的枸杞子。

2. 看外观：优质的枸杞子外观呈红色或紫红色，质地柔软、多糖、滋润、大小均匀、无油粒。

3. 尝滋味。可选一两粒枸杞子放入口中品尝，如果有回味苦味较重的情况，请勿选用。如果口感涩，肉质较薄，则可能是经高浓度明矾水浸泡的陈年枸杞子，不能食用。

◎怎么吃最科学◎

1. 枸杞子可以搭配一些食材制成菜肴，如用枸杞子蒸蛋食用，可以治疗慢性眼病。

2. 枸杞子可直接泡水饮用，可以用于治疗肝肾阴虚、头晕眩目、视物昏花、面色暗黄、腰膝酸软等症。

3. 枸杞子冬季宜煮粥，夏季宜泡茶。

枸杞子桑葚粥

材 料: 枸杞子5克，桑葚15克，红枣5枚，大米100克，白糖适量。

做 法:

1. 将枸杞子、桑葚、红枣洗净，大米淘洗干净。

2. 砂锅置火上，放入适量的水，放入枸杞子、桑葚、红枣、大米，大火煮沸，转小火煮至粥成，加入白糖调味即可。

功效: 此粥可补肝肾、健脾胃、消除眼部疲劳、增强体质。

莲子

◎性温，味甘、涩，归脾、肾、心经。

营养成分表

莲子所含的营养素（每100克）

人体必需的营养素	
热量	1463 千焦
蛋白质	17.2 克
脂肪	2.0 克
碳水化合物	67.2 克
膳食纤维	3.0 克
维生素	
B$_1$（硫胺素）	0.16 毫克
B$_2$（核黄素）	0.08 毫克
烟酸（尼克酸）	4.2 毫克
E	2.71 毫克
矿物质	
钙	97 毫克
锌	2.78 毫克
钠	5.1 毫克
钾	846 毫克
磷	550 毫克

养生功效

莲子含有丰富的营养物质，这些营养物质对人们养生保健有很重要的作用，例如莲子含有大量的磷，磷是构成牙齿、骨骼的重要成分，还有助于机体进行蛋白质、脂肪、糖类的代谢和维持酸碱平衡。莲子中钾的含量也非常高，钾对维持肌肉的兴奋性、心跳规律和各种代谢有重要作用。《本草纲目》言莲子："交心肾，厚肠胃，固精气，强筋骨，补虚损，利耳目，除寒湿，止脾泄久痢。"

养生宜忌

一般人群均可食用，尤其适宜体虚者、失眠者、食欲不振者及癌症患者食用。但是因其功效所限，便溏者慎用。

特别提示

莲子不能与牛奶同服，否则会加重便秘。

选购要点

1. 看颜色：太阳晒干的莲子颜色白中泛黄，而漂白过的莲子一眼看上去就泛白。

2. 闻味道：干莲子有很浓的香味，而漂白过的有刺鼻味。

3. 听声音：干莲子一把抓起来有咔咔的响声，很清脆，而喷水的莲子声音发闷。

◎怎么吃最科学◎

1. 莲子可以制成莲子心茶，莲子心为成熟莲子种仁内的绿色胚芽，其味极苦，但有很好的降压、去脂之效。

2. 莲子可以搭配五谷杂粮制成粥食用，可以提高粥品的营养价值。

3. 莲子还可以做成莲子羹、莲子汁等其他食品。

莲子薏米粥

材　料：薏米 75 克，大米 75 克，莲子 25 克，冰糖 50 克。

做　法：

① 将莲子洗净，泡开后剥皮去心；薏米，大米均淘洗干净备用。② 锅内倒入水，放入薏米、大米，烧沸后用小火煮至半熟，再放入莲子。③ 待煮至薏米、大米开花发黏，莲子内熟时，加入冰糖搅匀，即可食用。

> **功效**：此粥可清心醒脾、补脾止泻、养心明目、补中养神、健脾补胃、止泻固精、益肾涩精。

莲子芡实粥

材　料：芡实、莲子、大米、冰糖各适量。

做　法：

① 所有的食材洗净，莲子浸泡 6 个小时。② 将准备好的食材一起放入砂锅里，添加足量的清水，大火煮开后，转小火熬煮至食材软烂。③ 根据个人口味添加一些冰糖调味。

> **功效**：此粥具有宁心健脾的功效。

莲子二米粥

材　料：莲子 50 克，大米 100 克，小米 50 克，枸杞子、冰糖各适量。

做　法：

① 莲子洗净浸泡 6 个小时；小米和大米淘洗干净，泡 20 分钟。② 锅中加水烧开，倒入大米、小米、莲子，大火烧开后改为小火烧 20 分钟，中间用勺搅动几次。③ 粥成时，加入几粒枸杞子和冰糖，熬至冰糖溶化，即可食用。

> **功效**：此粥具有缓解心虚失眠、健脾补肾的功效。

南瓜子

◎性平，味微甘，归胃、大肠经。

营养成分表

南瓜子所含的营养素
（每100克）

人体必需的营养素	
热量	2408 千焦
蛋白质	33.2 克
脂肪	48.1 克
碳水化合物	4.9 克
膳食纤维	4.9 克
维生素	
B₁（硫胺素）	0.23 毫克
B₂（核黄素）	0.09 毫克
烟酸（尼克酸）	1.8 毫克
E	13.25 毫克
矿物质	
钙	16 毫克
锌	2.57 毫克
钠	20.6 毫克
钾	102 毫克
锰	0.64 毫克
磷	1159 毫克

养生功效

中医认为，南瓜子具有补中益气之效，可作为保健食品食用。现代营养学家研究发现，南瓜子含有丰富的氨基酸、不饱和脂肪酸、维生素及胡萝卜素等营养成分。经常吃南瓜子可以预防肾结石的发生，还可以促进患者排出结石。南瓜子中的活性成分和丰富的锌元素，对前列腺有保健作用。

养生宜忌

一般人群均可食用，尤其适宜老人、儿童绦虫病患者、糖尿病患者、前列腺肥大患者食用。但因其功效所限，胃热病人不宜多吃，否则会感到脘腹胀闷；患有慢性肝炎、脂肪肝的患者不宜食用。

选购要点

选购南瓜子，以表面没有斑纹、色泽洁白、颗粒均匀的为佳。

◎怎么吃最科学◎

1. 南瓜子可以炒食，可降低血压，但是也应适量食用，一次不要吃得太多。

2. 南瓜子还可用来榨取食用油，有益健康。

特别提示

食用南瓜子，一次以30～50克为宜，过量食用会影响肝功能，并可引起和加重肝内脂肪浸润，还可能引起头昏、心慌等副作用。

南瓜子山药粥

材 料：南瓜子30克，山药100克，大米50克。

做 法：

1. 大米洗净备用；山药削皮、切小块备用；南瓜子先炒熟，再用水煎，取其汤。

2. 将煎南瓜子的水放入砂锅中大火煮开，加入洗好的大米和山药，熬制成粥。

功效：此粥对糖尿病有一定食疗功效。

南瓜子小米粥

材 料：南瓜子仁100克，小米120克。

做 法：

1. 将小米和南瓜子仁分别淘洗干净。

2. 锅置火上，加入洗好的小米，熬至粥将成时，加入南瓜子仁，继续煮20分钟即成。

功效：此粥香甜可口、营养丰富。

松子

◎性微温，味甘，归肝、肺、大肠经。

营养成分表

松子所含的营养素
（每100克）

人体必需的营养素	
热量	2782千焦
蛋白质	12.6克
脂肪	62.4克
碳水化合物	19.0克
膳食纤维	12.4克
维生素	
B₁（硫胺素）	0.41毫克
B₂（核黄素）	0.09毫克
烟酸（尼克酸）	3.8毫克
E	34.8毫克
矿物质	
钙	3毫克
锌	9.02毫克
铜	2.62毫克
钾	184毫克
锰	10.35毫克

养生功效

松子含有丰富的脂肪、棕榈碱、挥发油等，能润滑大肠而通便、缓泻且不伤正气，并含有丰富的维生素E，具有抗衰老的功效。松子中的脂肪成分主要为亚油酸、亚麻油酸等不饱和脂肪酸，有软化血管和防治动脉粥样硬化的作用。老年人常食松子，有防止因胆固醇增高而引起心血管疾病的作用。中医认为，松子有"润五脏、散诸风、湿肠胃，久服身轻，延年不老"的保健功效。

养生宜忌

一般人群均可食用松子，尤其适宜老年人、用脑过度人群、体质虚弱者、大便干结者、慢性支气管炎久咳无痰者食用。但因松子含油脂丰富，所以胆功能严重不良者应慎食。

选购要点

选购松子，以颗粒丰满、大而均匀、色泽光亮、干燥者为佳。

◎怎么吃最科学◎

1. 松子可直接食用，是一种营养丰富的干果。
2. 松子可榨油，用以烹饪菜品，有益健康。
3. 松子还可以搭配其他食材，用来烹饪美味的菜肴，如松仁玉米、松子排骨等。

特别提示

中医认为，食用松子过量易引发热毒，每天食用松子的量以20~30克为宜。

松子蜂蜜粥

材 料：松子仁 50 克，大米 50 克，蜂蜜适量。

做 法：

1. 将松子仁研碎，同大米煮粥。2. 粥熟后放入适量蜂蜜调味即可。

功效：此粥可缓解产后体虚、头晕目眩、肺燥咳嗽、慢性便秘等症。

松子大米粥

材 料：大米 100 克，松子仁 15 克，白糖 8 克。

做 法：

1. 大米淘洗干净，用冷水浸泡半小时，捞出，沥干水分备用；将松子仁洗净切碎。2. 锅中加入 1000 毫升冷水，将大米、松子仁一同放入，用大火烧沸。3. 改用小火熬煮成粥，加入白糖调好味，稍焖片刻，即可盛起食用。

功效：此粥可促进血液循环，缓解便秘，补充蛋白质、不饱和脂肪酸、维生素E、钾、钙、镁、锰等营养元素。

松子紫薯银耳粥

材 料：大米 100 克，松子仁 30 克，银耳 4 朵，紫薯 2 个，蜂蜜适量。

做 法：

1. 银耳用温水泡发，紫薯去皮切丁。2. 锅中放入水，将淘洗好的米放入其中，大火烧开后，放入紫薯，再烧开后改小火。3. 往锅中放入处理好的银耳，继续煮，并不停地搅拌。4. 待米开花，撒入准备好的松子。5. 放凉至 60 摄氏度以下后，调入蜂蜜即可享用。

功效：此粥可促进肠胃蠕动、滋润皮肤。

榛子

◎性平，味甘，归脾、胃经。

营养成分表

榛子所含的营养素
（每100克）

人体必需的营养素

热量	2348 千焦
蛋白质	20.0 克
脂肪	44.8 克
碳水化合物	24.3 克
膳食纤维	9.6 克
维生素	
B₁（硫胺素）	0.62 毫克
B₂（核黄素）	0.14 毫克
烟酸（尼克酸）	2.5 毫克
E	36.43 毫克
矿物质	
钙	104 毫克
锌	5.83 毫克
钠	4.7 毫克
钾	1244 毫克
锰	14.94 毫克

养生功效

榛子含有大量的油脂，吃起来特别香美，有"坚果之王"的美誉，与扁桃、核桃、腰果并称为"四大坚果"。榛子自身带有一种天然的香气，食之有开胃的功效，丰富的纤维素有助消化和防治便秘的作用。榛子含有丰富的营养物质，如钙、锌、钾等微量元素，长期食用有助于调整血压。中医认为，榛子具有调中开胃、益气、止饥、延缓衰老、润泽肌肤的功效，是很好的养生保健食品。

养生宜忌

一般人群均可食用，适宜食欲不振、体虚乏力、眼花、机体消瘦等人群食用，同时也是癌症患者适合食用的坚果补品。榛子含有丰富的油脂，肝功能严重不良者应慎食。

选购要点

1. 看颜色：果壳呈棕色、果仁白净丰满的为佳。

2. 掂重量：可以抓一把榛子在手上，沉的说明榛子仁饱满。

◎怎么吃最科学◎

1. 榛子可以炒熟后作为零食食用，有开胃、明目的功效。

2. 榛子还可以搭配其他食材制成小点心食用，别有一番风味，例如榛子曲奇饼干、榛子巧克力、香浓榛仁酥等。

特别提示

榛子对视力有一定的保健作用，每天在电脑前工作的人可以适当吃一些榛子。

榛子枸杞子粥

材料：榛子仁30克，枸杞子15克，大米50克。

做法：

1. 榛子仁捣碎备用。2. 捣碎的榛子仁与枸杞子一同加水煎汁。3. 去渣后与大米一同用小火熬成粥即成。

功效：此粥可养肝益肾、明目丰肌。

榛子水果燕麦粥

材料：榛子仁50克，燕麦50克，大米50克，牛奶1杯，蜂蜜2勺，苹果1个，香蕉2根，肉桂粉半茶匙，清水适量。

做法：

1. 榛子仁压碎，苹果切成细条，香蕉切成片。2. 洗净的大米加入燕麦、水，大火煮开，转小火煮至大米软烂。3. 加入牛奶、榛子仁、大火煮开，调入蜂蜜、苹果条，加少许的肉桂粉调味，撒入香蕉片。

功效：此粥具有延缓衰老、润泽肌肤的功效。

榛子蜂蜜粥

材料：大米50克，蜂蜜少许，榛子适量。

做法：

1. 榛子去皮，用豆浆机加水磨成浆汁。2. 磨好的榛子浆汁和大米煮成粥。3. 调入蜂蜜即可。

功效：此粥具有补脾胃、益气力、明目的功效，并对消渴、盗汗、夜尿多等肺肾不足之症颇有益处。

大枣

◎性温，味甘，归脾、胃经。

营养成分表

大枣所含的营养素
（每100克）

人体必需的营养素	
热量	1155千焦
蛋白质	3.2克
脂肪	0.5克
碳水化合物	67.8克
膳食纤维	6.2克
维生素	
B₁（硫胺素）	0.04毫克
B₂（核黄素）	0.16毫克
C	7毫克
E	3.04毫克
矿物质	
钙	64毫克
锌	0.65毫克
钠	6.2毫克
钾	524毫克
锰	0.39毫克

养生功效

大枣又名红枣、干枣，自古以来就被列为"五果"（桃、李、梅、杏、枣）之一，在我国有四千多年的种植历史。中医认为，大枣有补中益气、养血安神、健脾和胃之功效，是滋补阴虚的良药。大枣最突出的特点是维生素含量高，有着"天然维生素C丸"的美誉。常食红枣能收到增加肌力、调和气血、健体美容和抗衰老之功效。

养生宜忌

一般人群均可食用红枣，尤其适宜中老年人、更年期女性、正处于生长发育高峰的青少年以及病后体虚者食用。但因红枣食用过量会助湿生痰蕴热，有湿热痰热者不宜食用；红枣含有糖分较多，糖尿病患者也不宜食用。

选购要点

1. 选购鲜枣

（1）看外观：要挑选皮色紫红、颗粒饱满且有光泽、表面不裂不烂的。

（2）尝口感：选脆的，因为鲜枣一旦软化，维生素含量会减少90%。

2. 选购干枣

（1）看手感：挑选时先用手将大枣成把紧捏一下，如果感到滑腻又不松泡，说明肉质厚细紧实，枣身干，核小。

（2）观内核：掰开大枣看果肉和果核，肉色淡黄、细实，没有丝条相连的质量好。

（3）尝滋味：口感松脆香甜，一般为品种较好的枣。

特别提示

食大枣后应及时漱口，否则易引起齿黄或龋齿。

◎怎么吃最科学◎

1. 大枣可以直接吃，可补充维生素，润肤养颜。

2. 大枣可以用来泡水喝，味道甘甜，提神养颜。

3. 煎煮食用大枣，一定要将大枣破开，分为3～5块，这样有利于有效成分的煎出。

大枣首乌粥

材料：制首乌 30 克，大米 100 克，大枣 5 枚。

做法：

1. 将大枣洗净，去核，切片；将制首乌洗净，烘干打成细粉；大米洗净。

2. 将大米放入锅内，加入何首乌粉、大枣，加入清水 1200 毫升，用大火烧沸，小火煮 40 分钟即可。

功效：此粥具有补气血、益肝肾、降血压、抗衰老、美容颜的功效。

大枣山药粥

材料：山药30克，大枣10枚，大米100克，冰糖适量。

做法：

1. 大米洗净，山药洗净切小块，大枣洗净去核。

2. 将大米、山药和大枣放入砂锅中，加水适量，煮烂成粥。

3. 加入冰糖，搅拌均匀即可。

> **功效**：此粥可补气血、健脾胃、抗衰老、缓解酒精性胃炎、脾虚便溏、气血不足、营养不良、病后体虚、羸瘦衰弱等症状。

大枣糯米粥

材料：大枣50克，糯米100克，冰糖90克。

做法：

1. 大枣冲洗干净，去核；糯米洗净。

2. 锅内放入适量清水，下入糯米、大枣，用大火煮沸后，改用小火煮至熟烂，调入冰糖即可。

> **功效**：此粥具有补脾肺、益气血、强身健体的功效。

黑枣

◎性温，味甘，归肝、肾经。

营养成分表

黑枣所含的营养素
（每100克）

人体必需的营养素

热量	977 千焦
蛋白质	1.7 克
脂肪	0.3 克
碳水化合物	57.3 克
膳食纤维	2.6 克

维生素

烟酸（尼克酸）	2.1 毫克
E	1.88 毫克

矿物质

钙	108 毫克
锌	0.44 毫克
钠	6.3 毫克
钾	478 毫克
锰	0.59 毫克

养生功效

黑枣具有丰富的营养物质，如碳水化合物、膳食纤维、果胶、蛋白质、维生素和矿物质等，并且可增强人体免疫力，有"营养仓库"之称。中医认为，黑枣具有补中益气、补肾养胃补血的功能，食之有养生保健的功效。

● 养生宜忌

一般人群均可食用黑枣，但因黑枣性寒，脾胃不良者不宜多吃。

选购要点

1. 看色泽：黑枣皮色应乌亮有光，黑里泛出红色，皮色乌黑者为次，色黑带萎者更次。

2. 看外观：好的黑枣颗大均匀，短壮圆整，顶圆蒂方，皮面皱纹细浅；在挑选黑枣时，也应注意识别虫蛀、破头、烂枣等。

◎怎么吃最科学◎

① 黑枣的果实可直接生食，也可用来酿酒、制醋，其种子也可以用来榨油。

② 黑枣干可以入药，有消渴去热的功效，所含维生素 C 可提取医用。

③ 如果煮食黑枣，可以一同加入少量的灯芯草，这样枣皮就可自动脱开。只要用手指一搓，枣皮就会脱落。

④ 黑枣不宜空着肚子吃。黑枣含有大量的果胶和鞣酸，这些成分与胃酸结合，同样会在胃内结成硬块。

特别提示

一次食用过量的黑枣，会引起胃酸过多和腹胀，所以要控制食用量；黑枣忌与柿子、海鲜同食。

黑枣糯米粥

材 料: 糯米 50 克，黑枣 10 枚，生姜末、红糖各适量。

做 法:

1. 黑枣、糯米洗净，备用。

2. 将洗好的黑枣和糯米一起放入小锅内，加清水两大杯。大火烧开后，改用中火煮半小时。

3. 加少许生姜末和红糖调味，稍煮片刻，即可食用。

> **功效**: 此粥可补中除寒、温脾养胃。

龙眼

◎性温，味甘，归心、脾经。

营养成分表

龙眼所含的营养素
（每100克）

人体必需的营养素

热量	298千焦
蛋白质	1.2克
脂肪	0.1克
碳水化合物	16.6克
膳食纤维	0.4克

维生素

B₁（硫胺素）	0.01毫克
B₂（核黄素）	0.14毫克
烟酸（尼克酸）	1.3毫克
C	43毫克

矿物质

钙	6毫克
锌	0.40毫克
钠	3.9毫克
钾	248毫克
锰	0.07毫克

养生功效

中医很推崇龙眼的营养价值，许多中医典籍都记载了龙眼的滋养和保健作用，称其可治疗"五脏邪气，安志厌食""久服强魂聪明，轻身不老，通神明"。现代医学研究证实，龙眼有提高机体免疫功能、抑制肿瘤细胞、降血脂、增加冠状动脉血流量、增强机体素质等作用。而且龙眼含有能被人体直接吸收的葡萄糖，体弱贫血、年老体衰、久病体虚者经常吃些龙眼很有补益；妇女产后，龙眼也是重要的调补食品。

养生宜忌

一般人群均可食用，尤其适宜体弱者、妇女食用。注意：龙眼属湿热食物，多食易上火，每天吃5颗就足够了。

选购要点

1. 看外观：要选颗粒较大、壳色黄褐、壳面光洁、薄而脆的。

2. 摇声响：优质的龙眼肉与壳之间空隙小，摇动时没有响声。

3. 尝滋味：质脆柔糯、味道浓甜则好。

◎怎么吃最科学◎

1. 龙眼可作为水果直接食用，味道甜美。

2. 龙眼可以制作成干货，龙眼干的另一个名字就是人们常说的桂圆。

3. 桂圆可以用来煮粥、做汤，等等，味道浓郁，鲜美。

特别提示

有一些不法商贩用疯人果冒充龙眼，购买时一定要注意区分。疯人果的主要特征如下：

（1）外壳一般涂有黄粉，无果蒂，无纹路，有明显的鳞状突起，很像荔枝。（2）壳内壁不平滑，无光泽，发白或呈淡黄色。（3）果肉不完全覆盖种子、粘手不易剥离，剥下的果肉无韧性。（4）果核椭圆形，有一明显的沟或槽，切开后，棕黄色的皮壳与子不易分开。（5）无龙眼的香味，仅有一点儿苦涩的甜味。

龙眼红枣黑豆粥

材料：黑豆 30 克，龙眼肉 15 克，大枣 15 克，大米 50 克，白糖、桂花糖各适量。

做法：

①先将黑豆用水浸泡 3 个小时。②把准备好的黑豆放入锅中，加水适量，用大火烧沸，再改用小火慢慢熬煮。③熬至黑豆八成熟时，便可加入大米及大枣，继续熬煮。④直至黑豆烂熟时，加入龙眼肉，煮上几分钟，停火，焖 5 分钟左右，加入白糖、桂花糖即可食用。

功效：此粥具有补精养血、健脾和胃之功效。

龙眼干粥

材料：龙眼 30 克，大米 50 克，白砂糖 30 克。

做法：

①把大米放入锅中，加入适量的水，大火煮一刻钟左右，转为小火将之熬成粥。②等粥快熟的时候，放入龙眼肉，再次煮沸后，加入白砂糖调味即成。

功效：此粥具有补血益智、养血安神之功效。

龙眼栗子粥

材料：大米 150 克，龙眼肉 25 克，鲜栗子 200 克，白砂糖适量。

做法：

①栗子剥去壳后用温水浸泡 3 小时，去皮备用；龙眼肉洗净，备用。②锅中加入足量清水，将大米和栗子一同放入，大火煮开后，改为小火继续煮一小时。③加入龙眼肉和白砂糖，搅拌均匀，煮至粥稠即可。

功效：此粥可补血安神、健脑益智、补养心脾。

营养成分表

栗子所含的营养素
（每100克）

人体必需的营养素

热量.....................1455 千焦
蛋白质....................5.3 克
脂肪.......................1.7 克
碳水化合物............78.4 克
膳食纤维.................1.2 克

维生素

B₁（硫胺素）........0.08 毫克
B₂（核黄素）........0.15 毫克
烟酸（尼克酸）......0.8 毫克
C..........................25 毫克
E.......................11.5 毫克

矿物质

锌..........................1.3 毫克
钠..........................8.5 毫克
锰........................1.14 毫克
铁..........................1.2 毫克
铜........................1.34 毫克

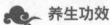

养生功效

栗子含有丰富的维生素 C，能够维持牙齿、骨骼、血管肌肉的正常功用，可以预防和治疗骨质疏松、腰腿酸软、筋骨疼痛、乏力。栗子还含有丰富的不饱和脂肪酸和维生素、矿物质，能防治高血压病、冠心病、动脉硬化、骨质疏松等疾病，是抗衰老、延年益寿的滋补佳品。中医认为，栗子有益气健脾、厚补胃肠的作用，是理想的保健果品。

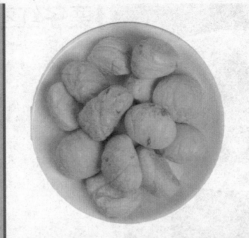

◎性温，味甘，归脾、胃、肾经。

栗子

养生宜忌

一般人群均可食用，尤其适宜肾虚者食用。但由于栗子不好消化，所以脾胃虚弱、消化不良的人不宜多食，以每人每次吃 10 个（50 克左右）为宜。

选购要点

1. 看颜色：栗子表面呈深褐色且稍微带点儿红头，一般为好栗子。

2. 听声响：取一把栗子放入手里摇，有壳声，表明果肉已干硬，可能是隔年栗子。

3. 品滋味：好的栗子果仁淡黄、结实、肉质细、水分少，甜度高、糯质足、香味浓。

◎怎么吃最科学◎

1. 栗子可生食、煮食、炒食，或与肉类炖食，如水煮栗子、糖炒栗子、栗子烧肉等。

2. 栗子生吃难消化，熟食又容易滞气，而且无论什么样的食用方法，一次吃得太多都会伤脾胃，每天最多吃 10 个就足够了。

3. 用刀将栗子切成两瓣，去掉外壳后放入盆里，加上开水浸泡一会儿后用筷子搅拌，栗子皮就会脱去。但应注意浸泡时间不可过长，以免流失营养。

特别提示

栗子的营养保健价值虽然很高，但需要食用得法。最好在两餐之间把栗子当成零食，或做成饭菜吃，而不要饭后大量吃。

栗子红枣粥

材料：栗子15个，红枣5枚，薏米50克，糯米70克，冰糖适量。

做法：

1. 薏米洗净、放在水中浸泡3个小时；红枣洗净、去核。2. 锅里加入适量清水烧开，放入薏米煮10分钟。3. 加入红枣再煮10分钟。4. 放糯米再煮20分钟，加入适量冰糖，煮至冰糖溶化，米粥浓稠。

功效：此粥可健脾益肾、养胃强骨，糖尿病患者忌食。

栗子桂花粥

材料：糯米150克，栗子8个，桂花糖35克，清水适量。

做法：

1. 将栗子放在开水锅中煮熟捞起，去壳，研成碎末；糯米洗净沥水。2. 锅置火上，加入适量清水和糯米，大火烧开后，加入栗子末，以小火煮成粥，调入桂花糖，即可食用。

功效：此粥可生津、化痰、暖胃、止痛，适用于风火牙痛、胃寒疼痛、风湿痛等症的辅助治疗。

栗子淮山粥

材料：栗子70克，大米65克，淮山药30克，枣干20克，生姜少许。

做法：

1. 将栗子去皮洗净；淮山、生姜、枣干、大米洗净。2. 把准备好的食材一起放入锅中，加清水适量，小火煮成粥，调味即可。

功效：此粥可健脾止泻，慢性肠炎、慢性胃炎属脾胃气虚者宜食用。

栗子鸡丝粥

材 料: 大米100克，栗子100克，鸡胸肉90克，油、盐少许。

做 法:

1. 大米淘洗干净后加少许油拌匀，腌制30分钟；栗子去壳、去衣；鸡胸肉洗净。

2. 锅中加水烧开，放入鸡胸肉煮熟，捞出。待凉后鸡胸肉撕成细丝，加入适量油腌制15分钟。

3. 锅中加入清水，大火烧开，放入腌制好的大米与栗子仁，再次煮滚后，转为小火煮25分钟。

4. 将鸡丝放入锅内，用筷子划开，大火煮滚后转小火再煮5～10分钟，加盐调味即可。

功效: 此粥具有良好的养胃、健脾、补肾、强筋等功效。

花生

◎性平，味甘，归脾、肺经。

养生功效

中医认为，花生具有悦脾和胃、润肺化痰、滋养补气、清咽止痒的功效，有"长生果"之称。花生含丰富的脂肪油，可以起到润肺止咳的作用。就连不起眼的花生衣中，也含有使凝血时间缩短的物质，能对抗纤维蛋白的溶解，有促进骨髓制造血小板的功能，对多种出血性疾病不但有止血的作用，而且对原发病有一定的治疗作用，对人体造血功能有益。

养生宜忌

一般人群均可食用，尤其适合病后体虚、手术病人恢复期以及妇女孕期产后进食。但因花生含大量油脂，有轻泻作用，故而慢性肠炎、切除胆囊的人不宜多吃；患有口腔炎、舌炎、口舌溃烂、唇泡、鼻出血等热上火的人也不宜多吃。每天食用量以80克为宜，不要过多。

选购要点

1. 看外观：应选粒大饱满、有光泽、均匀的。

2. 看颜色：花生衣呈深桃红色者为上品，颜色深的花生通常富含抗氧化的多酚类物质，且蛋白质含量要高一些，脂肪含量低一些。

◎怎么吃最科学◎

1. 花生可以直接生食、炒食、煮食，也可煎汤食用。

2. 将花生连红衣与红枣配合食用，有补虚止血的作用，适宜身体虚弱的出血病人食用。

3. 花生炖吃最好，可以避免招牌营养素的破坏，而且口感潮润、入口好烂、易于消化。

特别提示

花生会引起极其罕见的过敏症，具体表现是：血压降低、面部和喉咙肿胀，这些都会阻碍呼吸，从而导致休克。有此症状的人要禁食花生，必要时须及时就医。

花生青菜粥

材料：大米适量，花生 50 克，青菜 200 克，油、盐、鸡精适量。

做法：

1. 把花生清洗干净，加水煮 20 分钟；把青菜洗干净，切成段；淘好米，沥干水。
2. 把米和煮过的花生倒入锅中，大火煮开后改小火再煮 25 分钟。
3. 放进青菜，加适量的盐、油，再次煮开。关火前加少许鸡精调味即可。

功效：此粥适合营养不良、食欲不振、咳嗽之人食用。

花生牛奶粥

材料：牛奶 1500 毫升，花生米、大米、枸杞子、银耳、冰糖各适量。

做法：

1. 将银耳、枸杞子、花生米、大米分别洗净，银耳撕成小朵。
2. 在锅内倒入牛奶，放入准备好的银耳、枸杞子、花生米、冰糖（依自己口味选择用量）熬煮成粥。

功效：此粥益气养血，长期食用对因气血虚弱所导致的乳房扁平有一定疗效。

核桃

◎性平、温，味甘，无毒，归肾经。

养生功效

在国内，核桃享有"万岁子""长寿果""养生之宝"的美誉；在国外，核桃则被赋予"大力士食品""营养丰富的坚果""益智果"的美称。核桃中所含脂肪的主要成分是亚油酸甘油酯，食后不但不会使胆固醇升高，还能减少肠道对胆固醇的吸收。而且，核桃还可供给大脑基质的需要：核桃中所含的微量元素锌和锰是脑垂体的重要成分，常食有益于脑的营养补充，有健脑益智作用。

养生宜忌

一般人群均可食用，尤其适宜老年、产后、病后肾虚、虚寒喘嗽、腰脚虚痛者食用。但因核桃含油脂较多，吃多了会令人上火和恶心，所以上火、腹泻的人不宜食用。

选购要点

1. 观外观：个大，均匀，外壳白而光洁的为上品。

2. 掂重量：拿一个核桃掂掂重量，轻飘飘的多数为空果、坏果。

3. 听声响：将核桃从 33 厘米高左右扔在硬地上听声音，空果会发出像破乒乓球一样的声音。

4. 闻气味：可以拿几个核桃闻一闻，陈果、坏果有明显的哈喇味。把核桃敲开闻，哈喇味更明显。

特别提示

吃核桃时，最好不要将核桃仁表面的褐色薄皮剥掉，这样会损失一部分营养。

核桃菊花粥

材　料：菊花20克，核桃仁25克，大米150克。

做　法：

1. 菊花洗净，核桃仁洗净，大米淘洗干净。
2. 把大米、菊花、核桃仁同放锅内，加入适量清水。
3. 大火烧沸，再用小火煮50分钟即成。

功效：此粥可散风热、补肝肾、降低血压。高血压患者宜常服膳食，秋天食用更佳。

核桃土豆粥

材　料：核桃仁40克，豆浆240克，土豆100克，黄豆25克。

做　法：

1. 把土豆和核桃仁放入锅里，用小火煮，放些水，煮到土豆烂了为止。
2. 放入豆浆，煮成稀饭。

功效：此粥对减肥、瘦身、美容养颜者有一定功效。

核桃芝麻粥

材料：黑芝麻 60 克，核桃仁 60 克，桑叶 60 克，大米 100 克，白糖少许。

做法：

1. 桑叶水煎去渣取汁，黑芝麻、核桃仁研成末。

2. 将磨好的黑芝麻、核桃仁与大米、桑叶汁煮成粥。

3. 粥熟后加少许白糖调味即成。

功效：此粥可健脑、补肾，适用于肾虚多梦、失眠、腰痛等症。

腰果

◎性平，味甘，归脾、胃、肾经。

营养成分表

腰果所含的营养素
（每100克）

人体必需的营养素

热量	2338 千焦
蛋白质	17.3 克
脂肪	36.7 克
碳水化合物	41.6 克
膳食纤维	3.6 克

维生素

B₁（硫胺素）	0.27 毫克
B₂（核黄素）	0.13 毫克
烟酸（尼克酸）	1.3 毫克
E	3.17 毫克

矿物质

钙	26 毫克
锌	4.30 毫克
钠	251.3 毫克
钾	503 毫克
锰	1.80 毫克

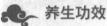

养生功效

中医认为，腰果可润肺、去烦、除痰，对人体有一定的保健作用。现代医学研究发现，腰果中所含的丰富油脂，可以润肠通便，并有很好的润肤美容的功效，能延缓衰老。而且腰果所含的脂肪主要由单不饱和脂肪酸组成，可降低血中胆固醇、三酰甘油和低密度脂蛋白含量，因此常食腰果对心脑血管大有益处。此外，腰果中维生素 B₁ 的含量丰富，有补充体力、消除疲劳的效果，适合易疲劳的人食用。

养生宜忌

一般人群均可食用，但因腰果含油脂丰富，胆功能严重不良者、肠炎腹泻患者和痰多患者不宜食用，肥胖人士也要慎用。

选购要点

1. 观外观：应选呈完整月牙形，色泽白，饱满，无蛀虫、斑点的。

2. 闻气味：抓一小把腰果闻一闻，气味香的为优质腰果，有"油哈喇"味的腰果不宜食用。

◎怎么吃最科学◎

① 腰果可作为一种零食干果直接食用，味道香甜。

② 腰果营养丰富，可用来制作风味独特的腰果巧克力、点心和油炸盐渍食品。

③ 腰果可搭配其他食材做成美味营养的菜肴食用，如腰果虾仁、腰果鱼丁。

④ 腰果还可用来榨油，腰果仁油为上等食用油。

特别提示

腰果含有一些过敏原，过敏体质的人吃了腰果，常引起过敏反应。严重的吃一两粒腰果，就会引起过敏性休克，如抢救不及时，可能会导致不良后果。为了防止发生上述现象，没有吃过腰果的人，可先吃一两粒，过十几分钟后，观察自己有无过敏反应，如流口水、打喷嚏、嘴内刺痒等，需要注意的是，一旦发现自己对腰果过敏，最好不要食用腰果。

腰果百合薏米粥

材料: 腰果50克，莲子15克，茯苓10克，薏米30克，芡实30克，藕粉少许，糯米100克，白糖适量。

做法:

① 腰果、莲子洗净煮熟，捞出沥干。
② 茯苓、薏米、芡实、糯米加水煮软，打成糊。
③ 将腰果、莲子放入米羹中，加白糖拌匀。
④ 藕粉加适量温水调匀，放入米羹中拌匀即可。

功效: 此粥可补润五脏、安神，适用于神经衰弱、失眠者。

腰果黄鳝粥

材料: 大米150克，黄鳝170克，油、盐少许，姜丝、酒少量。

做法:

① 黄鳝除净内脏后切块。
② 大米、黄鳝一起放入砂锅内，大火煮开，小火煮熟。
③ 加入适量油、盐、姜丝、酒调味即可。

功效: 此粥有补气益血、强筋骨之效，可除风湿、止血。

黑芝麻

◎性平，味甘，归肝、肾、大肠经。

营养成分表

黑芝麻所含的营养素
（每100克）

人体必需的营养素

热量 .... 2340 千焦
蛋白质 .... 19.1 克
脂肪 .... 46.1 克
碳水化合物 .... 24.0 克
膳食纤维 .... 14.0 克

维生素

B_1（硫胺素）........ 0.66 毫克
B_2（核黄素）........ 0.25 毫克
烟酸（尼克酸）..... 5.9 毫克
E .... 50.40 毫克

矿物质

钙 .... 780 毫克
锌 .... 6.13 毫克
钠 .... 8.3 毫克
钾 .... 358 毫克
锰 .... 17.85 毫克

 养生功效

中医认为，黑芝麻有补肝肾、润五脏、益气力、长肌肉、填脑髓的作用，可用于治疗肝肾精血不足所致的眩晕、须发早白、脱发、四肢乏力、五脏虚损、肠燥便秘等病症。现代营养学研究发现，黑芝麻含有的多种人体必需氨基酸，在维生素 E 和维生素 B_1 的作用参与下，能加速人体的代谢，而且黑芝麻所含的脂肪大多为不饱和脂肪酸，有延年益寿的作用。

养生宜忌

一般人群均可食用，

尤其适用于身体虚弱、头发早白、大便燥结等症的患者食用。但需注意，因芝麻在中医上被认为是一种发物，所以凡患痈疽疮毒等皮肤病者应忌食。同时，芝麻多油脂，易滑肠，脾弱便溏者也当忌食。

选购要点

1. 看颜色：正常的黑芝麻颜色深浅不一，还掺有白芝麻；染过色的黑芝麻又黑又亮、一尘不染。

2. 闻味道：没染色的有股芝麻的香味，染过的不仅不香，还可能有股墨臭味。

3. 蘸水搓：可以捏几粒黑芝麻放在掌心，蘸点儿水一搓，正常芝麻不会掉色，如果手马上变黑了，肯定是染色芝麻。

◎怎么吃最科学◎

①黑芝麻可以直接食用，味道香甜，营养丰富。

②可以制成黑芝麻糊食用，方便营养好吸收，增加口感。

③黑芝麻可搭配一些五谷杂粮制作成粥，粥品清香。

④黑芝麻可搭配一些食物制作成饮品，如黑芝麻木耳茶，有凉血止血、润燥生津的功效。

⑤黑芝麻还可作为一些糕点的馅料，或者装饰，如黑芝麻的月饼。

特别提示

芝麻仁外面有一层稍硬的膜，只有把它碾碎，其中的营养素才能被吸收。所以在食用整粒芝麻时，最好搅碎或碾碎了再吃。

黑芝麻花生粥

材料：糯米 200 克，花生 100 克，黑芝麻 50 克，蜂蜜适量。

做法：
1. 花生和黑芝麻捣成泥，与糯米一起加水小火煮 4 小时。
2. 煮至黏稠，放入蜂蜜即可。

功效：此粥有养血生发的功效，可预防贫血、延年益寿、增强记忆。

黑芝麻粥

材料：黑芝麻 30 克，大米 100 克。

做法：
1. 大米淘洗干净，黑芝麻洗净，小火炒熟备用。
2. 锅置火上，加入大米和水，煮成黏稠的大米粥。
3. 粥将成时，加入适量芝麻，蜂蜜搅拌均匀。

功效：此粥具有补肝肾、助消化的功效。

黑芝麻肉松粥

材料：大米，肉松，黑芝麻各适量。

做法：
1. 大米淘洗干净。
2. 锅中加入适量水，煮沸后放入大米，水烧开后转小火，熬成稠粥。
3. 撒上肉松和黑芝麻，即可食用。

功效：此粥有养颜益智的功效。

第 3 章
根据体质喝对粥

中医将体质分为平和体质、气虚体质、阳虚体质、阴虚体质、痰湿体质、湿热体质、血瘀体质、气郁体质、特禀体质九个类型。中医认为，健康与体质有着密不可分的关系，养生必须了解自己的体质，喝对粥，这样才能事半功倍。

气虚体质

气虚体质的表现

体质表现概述： 元气不足，以疲乏、气短、自汗等气虚表现为主要特征。

身体特征： 肌肉松软不实、消瘦或偏胖。

具体表现： 体倦乏力、少气懒言、语声低怯、面色苍白、常自汗出、动则尤甚、心悸食少、舌淡苔白、脉虚弱，女子白带清稀。

心理表现： 性格内向，不喜冒险。

易患疾病： 易患感冒、内脏下垂等病，病后康复缓慢。

对外界环境适应能力： 不耐受风、寒、暑、湿邪。

气虚体质饮食法则

中医认为，气虚体质应该补气养气，因为肺主一身之气，肾藏元气，脾为"气血生化之源"，因此脾、肺、肾都要补。为此可以多吃一些甘温补气的食物，同时要注意忌冷抑热、饮食清淡、营养多元化。

◎气虚体质养生之道◎

在日常生活中应保持稳定平和的心态，避免过度紧张。避免过度运动、劳作，可做一些缓和的运动，如慢跑、游泳等，平常应早睡早起。

✔气虚体质适宜吃的食物

适宜气虚体质的甘温补气食物主要有：

大米、糯米、小米、山药、莲子、黄豆、薏仁、胡萝卜、香菇、鸡肉、牛肉、人参、党参、白扁豆等。

香菇

✖气虚体质不宜吃的食物

气虚体质需要注意，尽量不要吃山楂、佛手柑、槟榔、大蒜、苤蓝、萝卜缨、香菜、大头菜、胡椒、荜茇、中指、紫苏叶、薄荷、荷叶等食物；不吃或少吃荞麦、柚子、柑、金橘、金橘饼、橙子、荸荠、生萝卜、芥菜、砂仁、菊花。

红枣莲子薏米粥

材料： 薏米 100 克，红枣 5 枚，莲子 35 克，冰糖 10 克。

做法：

① 薏米洗净，莲子洗净去莲心，红枣去核洗净备用。

② 锅置火上，加入适量的清水和薏米，大火煮开后转至中火慢熬 20 分钟。

③ 加入莲子和红枣，继续煮至熟透，加入冰糖熬成粥状，即可食用。

功效： 此粥可温中益气，且兼具美容功效，可美白保湿、消除雀斑、老年斑、蝴蝶斑等。

驴肉山药红枣粥

材料: 驴肉200克, 山药35克, 红枣10枚, 大米100克, 红糖15克。

做法:

❶ 驴肉切小块；山药切小条；红枣去核切成小条；大米洗净，沥干水分。❷ 在锅内加入适量的清水，大火煮开，放入大米、驴肉块、山药条、红枣条，继续用大火煮开后，转为小火熬至粥成。❸ 加入红糖，搅拌，即可食用。

功效: 此粥可调和气血、补益心脾，尤其适合气虚体质者食用。

牛奶燕麦葡萄干粥

材料: 脱脂牛奶1杯, 燕麦片200克, 葡萄干50克。

做法:

❶ 洗净葡萄干备用。❷ 将牛奶与燕麦片一同放入锅内，开中火煮至锅开，同时为避免粘锅要不停搅拌。❸ 放入葡萄干，改为小火，继续煮5分钟左右，即可食用。

功效: 此粥味道香甜，还可补虚损、生津润肠。

黑豆黄芪羊肚粥

材料: 黑豆50克, 黄芪40克, 羊肚100克, 大米100克。

做法:

❶ 将羊肚剖洗干净，切细丝；黑豆、大米洗净。❷ 锅置火上，加入适量清水，放入大米、黑豆、黄芪和切好的羊肚丝，大火煮开后改用小火熬至粥成。

功效: 此粥可健脾益气、固表止汗，尤其适用于产后气虚盗汗。

阴虚体质

体质表现概述： 阴液亏少，以口燥咽干、手足心热等虚热表现为主要特征。

身体特征： 体形偏瘦，脸色暗淡无光或潮红，有时会有烘热感。

具体表现： 口舌容易干燥、口渴时喜欢喝冷饮、四肢怕热、易烦易怒、容易失眠、大便偏干、小便短少、舌红少苔、脉象细数。

心理表现： 性情急躁、外向好动、活泼。

易患疾病： 易患虚劳、失精、不寐等病，感邪易从热化。

对外界环境适应能力： 耐冬不耐夏，不耐受暑、热、燥邪。

阴虚体质饮食法则

中医强调阴阳协调，所以阴虚体质的进补关键在于补阴，阴虚体质的人要遵循滋阴清热、滋养肝肾的养生原则，味甘、性凉寒平的食物是阴虚者的好伴侣。

◎阴虚体质养生之道◎

阴虚者要使生活工作有条不紊，生活中要保证不要着急上火，就不会伤阴，同时还要注意不能过度悲伤，经常流眼泪，不可随便吐口水等。此外，阴虚体质还要注意节制房事，精液消耗过多就会肾亏折寿，不利于养阴。

阴虚体质适宜吃的食物

遵循阴虚体质的饮食法则，要选择养阴生津的食物，多吃甘凉滋润的食物，如芝麻、木耳、银耳、百合、荸荠、甘蔗、桃子、海蜇、鸭肉、牛奶、豆腐、醋、绿豆、豌豆、菠菜、竹笋、空心菜、冬瓜、丝瓜、番茄、胡瓜、苦瓜、莲藕、紫菜、石榴、葡萄、枸杞子、柠檬、苹果、柑橘、香蕉、枇杷、桑葚、罗汉果、甘蔗、梨、柳橙、柚子、西瓜、白萝卜、椰子、豆浆、茭白等。

阴虚体质不宜吃的食物

阴虚体质应少食性温燥烈的食物，防止损伤津液。这方面的食物有：花椒、茴香、桂皮、辣椒、葱、姜、蒜、韭菜、虾、荔枝、桂圆、核桃、樱桃、羊肉等。

猪蹄花生粥

材料： 猪蹄1个，大米、花生仁各适量，盐、味精、葱花少许。

做法：

1. 将剁好的猪蹄放入开水锅中焯烫，去血水，然后放入开水中煮至汤汁浓稠。

2. 大米淘净，加水煮开，放入猪蹄、花生仁，煮至烂稠。加入盐、味精、葱花即可。

功效： 此粥可补充胶原蛋白、补血。

芝麻糯米粥

材料：黑芝麻 15 克，糯米 100 克，冰糖 5 克，大枣 5 枚，杏仁 10 克。

做法：

1. 糯米提前泡好；黑芝麻下锅用小火炒香，碾碎备用。

2. 将提前泡好的糯米冷水下锅，用大火先熬 10 分钟，然后放黑芝麻、大枣、杏仁。

3. 慢慢搅动，防止糯米粘锅，20 分钟后根据个人口味放适量冰糖，关火即可。

功效：此粥有润肠通便、滋润皮肤、减缓衰老的功效。

百合绿豆粥

材料：绿豆 30 克，百合 25 克，糯米 60 克，冰糖适量。

做法：

1. 提前泡发百合。

2. 绿豆洗净，倒入砂煲，加入适量冷水，大火煮开，再用小火煮 15 分钟。

3. 糯米洗净，倒入绿豆中，大火煮开，再换小火煮 15 分钟。

4. 加入百合，煮 10 分钟。

5. 最后加入适量冰糖，熬 5 分钟，即可食用。

功效：此粥有健脾和胃、润肺止咳和清热解毒的功效。

阳虚体质

阳虚体质的表现

体质表现概述: 阳气不足,以畏寒怕冷、手足不温等虚寒表现为主要特征。

身体特征: 肌肉松软不实,白白胖胖,但脸色淡白无光。

具体表现: 口淡不渴、体寒喜暖、四肢欠温、不耐寒冷、精神不振、懒言、大便稀溏、小便清长或短少、舌淡胖嫩苔浅、脉象沉细无力。

心理表现: 性格多沉静、内向。

易患疾病: 易患痰饮、肿胀、泄泻等病,感邪易从寒化。

对外界环境适应能力: 耐夏不耐冬,易感风、寒、湿邪。

阳虚体质的饮食法则

五脏之中,肾为一身的阳气之根本,脾为阳气生化之源,故当着重补之。所以阳虚体质的人要遵循温补脾肾的养生原则。

◎阳虚体质养生之道◎

中医认为,阳虚是气虚的进一步发展,故而阳气不足者常表现出情绪不佳、易悲哀,故必须加强精神调养,要善于调节自己的情感,消除不良情绪的影响。

阳虚体质容易畏寒怕冷、不耐秋冬,故阳虚体质者尤应重环境调摄,提高人体抵抗力。在日常生活中要注意关节、腰腹、颈背部、脚部保暖,即使是燥热的夏季也最好少用空调;不要熬夜,保证睡眠充足。阳虚体质的人在锻炼时,一定要注意不要过度出汗。

✔阳虚体质适宜吃的食物

遵循阳虚体质的饮食法则,适宜吃的食物有:宜食味辛、性温热平之食物,如薏苡仁、羊肉、鹿肉、鸡肉、大蒜、葱、莲藕、红薯、红豆、豌豆、黑豆、山药、南瓜、韭菜、栗子、大枣、生姜、胡萝卜等,适当调整烹调方式可更好发挥食补功效,最好选择焖、蒸、炖、煮的烹调方法。

✖阳虚体质不宜吃的食物

阳虚体质要少吃或不吃生冷、冰冻之品,如柑橘、柚子、香蕉、西瓜、甜瓜、火龙果、马蹄、梨子、柿子、绿豆、苦瓜等。如果特别想吃,一定要控制食用量,再搭配些温热食物。此外,还要注意减少盐的摄入量。

大蒜韭菜粥

材料: 鲜韭菜 30 克,大蒜 25 克,大米 100 克,精盐少许。

做法:

1. 将鲜韭菜洗净切细,大蒜去皮。
2. 煮大米为粥,待粥沸后,加入韭菜、大蒜、精盐同煮为粥。

功效: 此粥有补肾壮阳、杀菌止痢的功效。

猪肉萝卜粥

材　料：猪里脊肉20克，红皮小水萝卜20克，大米100克，盐少许。

做　法：

1. 大米放入干粉机中打成小颗粒，用温水泡15分钟左右。2. 将切成丁的肉和萝卜一起放入锅加水煮5分钟，捞出放凉后放入打汁机打成泥。3. 将泡好的米倒入煮肉的锅内煮30分钟，再将打好的泥倒入锅中同煮，开锅后，加入少许盐，再煮1分钟即可。

功效：此粥适用于胃满肚胀、食积不消。

杨梅糯米粥

材　料：糯米200克，绿豆50克，杨梅80克。

做　法：

1. 绿豆提前用清水浸泡4小时。2. 将杨梅、糯米和提前泡好的绿豆一同入锅，加水，用大火烧开。3. 用小火熬至烂时，加入杨梅搅匀即可。

功效：此粥可健脾消食、生津解渴，对萎缩性胃炎、胃酸缺乏症、糖尿病等症有疗效。

山药黑枣粥

材　料：糯米250克，山药30克，黑枣（干）30克。

做　法：

1. 将山药洗净、切碎；枣浸泡洗净，去核备用；糯米浸泡20分钟。2. 糯米先用大火煮开，再换为小火熬15分钟。3. 煮至八成熟的时候放入黑枣，然后再将切碎的山药放入锅中搅拌均匀，继续熬制15分钟即可。

功效：此粥有缓解腹胀腹泻、延缓细胞衰老、防治心血管疾病的功效。

痰湿体质

痰湿体质的饮食法则需要注意：不要吃太饱，吃饭也不要太快，少吃酸性食物、寒凉的、腻滞和生涩的食物，特别是少吃酸的。同时要多吃粗粮，这是预防疾病的有效手段。尤其是对于痰湿体质的人来说，正是太多的细粮造成了体内的痰湿，此外，痰湿体质也不适合多吃水果，可以选择一些偏温燥的食物。饮食调理方面还要注意少食肥甘厚味的食物，酒类也不宜多饮，且勿过饱。

◎痰湿体质养生之道◎

痰湿体质的人，不宜居住在潮湿的环境里；在阴雨季节，要注意湿邪的侵袭。起居养生要注意多晒太阳，阳光能够散湿气，振奋阳气。

湿气重的人，可以经常泡泡热水澡，最好泡得全身发红、毛孔张开。服饰的选择也要以宽松为好，这也利于湿气的散发。

生气动怒会加重体内的痰，尤其是生闷气，更容易造成体内痰湿淤积，很容易形成"横逆"的气滞，造成十二指肠溃疡或胃溃疡，严重的会造成胃出血。所以痰湿体质的人一定要注意把握好自己的情绪，积极调节自己的心情。

痰湿体质的表现

体质表现概述：痰湿凝聚，以形体肥胖、腹部肥满、口黏苔腻等痰湿表现为主要特征。

身体特征：体形肥胖，腹部肥满松软，面部皮肤油脂较多。

具体表现：喜好甜食、精神疲倦、嗜睡、头脑昏沉、多汗且黏、胸闷、痰多、身体常觉千斤重、睡觉易打鼾、苔腻、脉滑。

心理表现：性格偏温和、稳重，多善于忍耐。

易患疾病：易患消渴、中风、胸痹等病。

对外界环境适应能力：对梅雨季节及湿重环境适应能力差。

✓ 痰湿体质适宜吃的食物

根据痰湿体质的饮食法则，可判断味淡、性温平之食物比较适合他们，这类食物有薏苡仁、茼蒿、洋葱、白萝卜、薤白、香菜、生姜、荸荠、紫菜、海蜇、白果、大枣、扁豆、红小豆、蚕豆、玉米、小米、红米、紫米、高粱、大麦、燕麦、荞麦等。

✗ 痰湿体质不宜吃的食物

针对该体质特点，痰湿体质的人注意不要吃豌豆、南瓜、饴糖、石榴、柚子、枇杷、砂糖等食物。

石榴

白萝卜牛肉粥

材料：白萝卜50克，牛肉100克，大米150克，姜、葱各3克，食盐、胡椒粉、味精各适量。

做法：

1. 大米洗净备用；白萝卜洗净、切成2厘米见方的块状备用；牛肉洗净、切成小长条备用。

2. 锅置火上，加入适量的清水，将准备好的葱、姜、牛肉条、白萝卜块一起放入，加入适量的食盐和味精，中火慢熬。

3. 待锅内的食物熬出香味，将大米放入，煮至成粥，撒上胡椒粉调味即可。

功效：此粥具有促进消化、增强食欲、加快胃肠蠕动和止咳化痰的作用。

香椿大米粥

材料：大米100克，香椿90克，盐少许。

做法：

1. 将香椿芽择好洗净，放入开水中略烫后捞出备用。

2. 大米洗净，用冷水浸泡半小时，捞出，沥干水分。

3. 锅中加入大约1000毫升冷水，将大米放入，先用大火烧沸，再改用小火熬至八成熟。

4. 加入香椿芽，煮至粥成，最后放入盐搅匀，再稍焖片刻，即可盛起食用。

功效：此粥有缓解风湿痹痛、胃痛的功效。

紫菜虾仁粥

材料：大米200克，紫菜1小张，干虾8只，瘦肉适量，葱、姜、蒜、盐、鸡精适量，油少许。

做法：

1. 大米洗干净放入锅里，按煲粥键煮熟。
2. 紫菜剪碎，瘦肉切丝（肉丝用淀粉、盐腌制一小会儿），葱姜蒜切好，虾仁泡软剁碎。
3. 葱姜蒜放入油锅爆香。
4. 粥煲好开盖放入虾仁，放入瘦肉，加入剪碎了的紫菜。
5. 倒入刚才爆香的葱姜蒜油。
6. 加入盐和鸡精，撒入葱花即可。

> **功效**：此粥可清热利水、补肾养心、缓解心血管病。

海参小米粥

材料：海参1个，鸡汁1勺，小米、香油、姜葱、白胡椒粉、盐适量。

做法：

1. 海参切成片，切姜丝和葱花。
2. 汤锅放水，水沸后放小米，滚锅后下海参，转小火煮5分钟，用勺子不停搅拌。
3. 加入姜丝，盖上锅盖，转最小火熬煮。
4. 25分钟后，加入1小勺浓缩鸡汁，再用大火滚煮2分钟。
5. 撒上适量的盐，加入白胡椒粉调味，滴上几滴香油，撒上葱花，关火，盛碗即可食用。

> **功效**：此粥可养颜润肤，缓解疲劳。

血瘀体质的饮食法则

血瘀体质的人多吃些行气、活血、化瘀的食物，不要吃过度寒凉的食物。酒可少量常饮，醋可多吃。此外，瘀血体质的人一定要少吃盐和味精，避免血黏度增高，加重血瘀的程度。

◎血瘀体质养生之道◎

血瘀体质的人要多运动，少用电脑，工作期间要每个小时左右走动走动。适量的运动能改善心肺功能，非常有助于消散瘀血。另外，保持良好的心情对瘀血体质的人来说同样重要。

血瘀体质的表现

体质表现概述：血行不畅，以肤色晦暗、舌质紫黯等血瘀表现为主要特征。
身体特征：胖瘦均见。
具体表现：身体较瘦、头发易脱落、肤色暗沉、唇色暗紫、舌呈紫色或有瘀斑、眼眶黯黑、脉象细弱。
心理表现：易烦，健忘。
易患疾病：易患症瘕及痛证、血证等。
对外界环境适应能力：不耐受寒邪。

血瘀体质

✔ 血瘀体质适宜吃的食物

针对血瘀体质的饮食法则，适合食用的食物有：桃仁、油菜、慈姑、黑大豆、白萝卜、韭菜、洋葱、黄豆、香菇、黑木耳、大蒜、生姜、茴香、桂皮、丁香、山楂、桃仁、银杏、柑橘、柠檬、柚子、金橘、黄酒、红葡萄酒、玫瑰花茶、茉莉花茶等具有活血化瘀作用的食物。

✘ 血瘀体质不宜吃的食物

不适合血瘀体质食用的食物有：过度寒凉的食物，如冰品、西瓜、冬瓜、丝瓜、大白菜等，因为这些食物会影响气血运行；红薯、芋艿、蚕豆、栗子等容易胀气的食物也不宜食用；肥肉、奶油、鳗鱼、蟹黄、蛋黄、鱼、巧克力、油炸食品、甜食等也是瘀血体质人的食物禁区。

香菜大米粥

材 料：香菜 90 克，大米 100 克。
做法：
❶ 将香菜择洗干净，切成 2 厘米长的小段。
❷ 将大米淘洗干净，放入锅内，加水适量，熬煮成粥。
❸ 粥将成时，把切好的香菜放入锅内，大火煮沸，用小火熬煮至熟。

功效：此粥有助于胃肠蠕动、缓解便秘、提高机体免疫力。

大米玉米粥

材 料：大米 80 克，玉米面 50 克。

做 法：

1. 大米洗净，玉米面加入少量的凉白开调成玉米糊。2. 锅中加适量水，放入洗好的大米，煮至大米开花。3. 将准备好的玉米糊慢慢倒入锅中，期间要不断搅拌，煮开即可。

功效：此粥具有健脾养胃、止烦、止渴、止泻的功效。

大枣木耳粥

材 料：黑木耳 5 克，大枣 5 枚，大米 100 克，冰糖适量。

做 法：

1. 将黑木耳放入温水中泡发，去蒂，除杂质，撕成瓣状；将大米洗净；大枣洗净。
2. 锅中加入适量水，放入大米和大枣，大火烧开后，换小火炖煮至黑木耳烂、大米成粥后，加入冰糖汁即可。

功效：此粥可滋阴润肺，适用于肺阴虚劳、咳嗽、咯血、气喘等症。

肉丝香菜粥

材 料：猪瘦肉 200 克，香菜 300 克，鸡蛋 1 个，淀粉、大葱、姜、料酒、植物油适量。

做 法：

1. 将猪瘦肉切丝，加入鸡蛋清和淀粉，抓匀，腌制 30 分钟；香菜切成段。2. 锅内倒入植物油，油热后放进肉丝并翻炒，起锅。3. 锅内留底油，放葱、姜、香菜煸炒，放入炒好的肉丝，再放盐、料酒迅速翻炒。4. 炒熟后加入适量的水，大火煮开，放入洗好的大米熬煮即可。

功效：此粥可开胃消郁、止痛解堵。

气郁体质的表现

体质表现概述：气机瘀滞，以神情抑郁、忧虑脆弱等气郁表现为主要特征。

身体特征：形体瘦或偏胖，面色苍暗或萎黄。

具体表现：平素性情急躁易怒、易激动，或忧郁寡欢、胸闷不舒、喜叹息、舌淡红、苔白、脉弦。

心理表现：性格内向不稳定、敏感多虑。

易患疾病：易患脏躁、梅核气、百合病及郁证等。

对外界环境适应能力：对精神刺激适应能力较差，不适应阴雨天气。

气郁体质的饮食法则

中医认为，气郁体质的人在饮食方面要补肝血，同时戒烟酒。可以多吃些行气的食物，有助于调和气郁体质，忌食辛辣、咖啡、浓茶等刺激品，少食肥甘厚味、收敛酸涩的食物。

◎气郁体质养生之道◎

乐观健康的心态才是健康的内因，气郁体质在日常生活中，良好的情绪管理是最主要的调养方式。努力培养自己积极乐观的情绪，即使心事重重，沉重低落，也要尝试积极地工作，让自己阳光起来。但也不必强压怒气，对人对事宽容大度，少生闷气。此外，还可以通过多出去旅游，多听听欢快的音乐，使自己身心愉悦，也多交些性格开朗的朋友，保持心情愉悦。

注意劳逸结合，可通过运动、冥想、瑜伽、按摩松弛身心，早睡早起，保证有充足的睡眠时间。

✔ 气郁体质适宜吃的食物

针对气郁体质的饮食法则，适合食用的食物有：佛手、橙子、柑皮、山楂、香橼、荞麦、韭菜、大蒜、高粱、豌豆、桃仁、花生、油菜、黑大豆等，醋也可多吃一些。

荞麦

✘ 气郁体质不宜吃的食物

不适合气郁体质的食物有：乌梅、南瓜、泡菜、石榴、青梅、杨梅、草莓、阳桃、酸枣、李子、柠檬、辣椒、雪糕、冰激凌、冰冻饮料等。

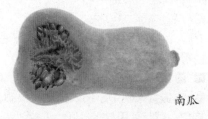

南瓜

黄花鸡蛋粥

材 料：大米 100 克，鸡蛋 2 个，干黄花 10 克，料酒 5 克，精盐、味精、香油各少许，色拉油 10 克。

做 法：

1. 鸡蛋打入碗中，加入精盐、料酒，搅拌均匀；黄花菜用温水发好，去掉两头，切成碎末，沥水；大米洗净沥水，待用。

2. 将砂锅放火上，加入色拉油烧至五成热时，倒入蛋液炒匀；待鸡蛋将熟时，用勺压碎，加入黄花菜末，炒匀。

3. 另取净锅，加入清水、大米，以小火煮成稀粥，加入鸡蛋、黄花菜略煮，调入精盐、味精、香油即可。

功效：此粥可缓解痔疮出血、水肿。

茼蒿肉丝粥

材 料：大米饭 1 碗，茼蒿 25 克，猪瘦肉 50 克，姜、植物油和盐少许。

做 法：

1. 茼蒿洗净、切碎；猪瘦肉切丝；姜切丝，备用。
2. 锅内放少许植物油，炒姜丝、肉丝、茼蒿，炒熟后加少许水煮开。
3. 加入准备好的大米饭，中火煮开后，放盐调味即可。

功效：此粥能调节体内水液代谢、通利小便、消除水肿。

糯米金橘粥

材 料：糯米 1 杯，金橘 5 个，柠檬、冰糖、蜂蜜适量。

做 法：

1. 糯米淘洗干净，用清水浸泡 1 小时。
2. 金橘洗净，从中间切开。
3. 砂锅中加入适量清水，放入浸泡好的糯米，中火加热，并不停搅拌，防止粘锅。
4. 煮开后转小火，煲 30 分钟，放入切好的金橘和冰糖，继续用小火煲 20 分钟。
5. 切半个柠檬，把柠檬汁挤入粥中，加少许蜂蜜，搅匀关火即可。

功效：此粥具有行气解郁、生津消食、化痰利咽、醒酒的功效。

湿热体质

体质表现概述：湿热内蕴，以面垢油光、口苦、苔黄腻等湿热表现为主要特征。

身体特征：形体中等或偏瘦。

具体表现：面垢油光、易生痤疮、口苦口干、身重困倦、大便黏滞不畅或燥结、小便短黄、男性易阴囊潮湿、女性易带下增多、舌质偏红、苔黄腻、脉滑数。

心理表现：容易心烦急躁。

易患疾病：易患疮疖、黄疸、热淋等病。

对外界环境适应能力：对夏末秋初湿热气候、湿重或气温偏高环境较难适应。

湿热体质的饮食法则

中医认为，湿热体质的人养生要以疏肝利胆、清热去湿为原则，遵循少甜少酒、少辣少油、饮食清淡、戒除烟酒的饮食法则，同时也不适合吃一些滋补食物。

◎湿热体质养生之道◎

对于湿热体质来说，夏天是最难熬的。中医学认为，人体五脏之气的衰旺与四时变换相关，夏天对应的是脾。夏天的气候特点是偏湿，"湿"与人体的脾关系最大，所谓"湿气通于脾"，所以，脾应于长夏。因而，要想轻松度过夏天，最重要的就是养好脾。要注意空腹少食生冷，切忌冰箱内食物直接食用，也不要长时间待在密不透风的空调房里，这样反而有害健康。

湿热体质的人皮肤特别容易感染，最好穿天然纤维、棉麻、丝绸等质地的衣物，尤其是内衣更重要，不要穿化纤质地的，也不要穿紧身的。同时尽量避免在炎热潮湿的环境中长期工作和居住。

✓ 湿热体质适宜吃的食物

比较适合湿热体质的食物有：绿豆、苦瓜、丝瓜、菜瓜、芹菜、空心菜、黄瓜、葫芦、冬瓜、藕、荠菜、芥蓝、竹笋、紫菜、海带、四季豆、绿豆、赤小豆、薏仁、西瓜、兔肉、鸭肉、田螺、海蜇等。

✗ 湿热体质不宜吃的食物

不适合湿热体质食用的食物有：麦冬、燕窝、银耳、阿胶、蜂蜜、麦芽糖、可乐、雪碧、辣椒、韭菜、生姜、芫荽、胡椒、花椒、酒、蜂蜜、饴糖等。

海蜇荸荠大米粥

材料：荸荠 150 克，大米 100 克，海蜇皮 100 克，白砂糖 15 克。

做法：

1. 将大米淘洗干净,冷水浸泡半小时,捞出,沥干水分备用；海蜇反复漂洗干净,切成细丝；荸荠洗净,去皮后切成丁。
2. 锅中加入约 1000 毫升冷水,放入大米,大火烧沸,加入海蜇丝、荸荠丁,改用小火慢慢熬煮。
3. 待大米熟烂时,放入白砂糖调好味,再稍焖片刻,即可盛起食用。

> **功效**：此粥可促进血液循环、利尿排淋、清热通便。

空心菜粥

材料：空心菜 200 克，大米 100 克，精盐 1 克；味精 2 克。

做法：

1. 将空心菜择洗干净,切细；大米洗净。
2. 锅置火上,放适量清水、大米,煮至粥将成时,加入空心菜、精盐,再继续煮至成粥,加入味精调味即可。

> **功效**：此粥有清热、凉血、利尿等功效,适宜孕妇临盆食用,有滑胎利产的作用。

菊花苦瓜粥

材 料: 苦瓜 100 克，菊花 40 克，大米 60 克，冰糖 100 克。

做 法:

1. 将苦瓜洗净去瓤，切成小块备用；大米洗净；菊花漂洗干净。

2. 大米和菊花放入锅中，倒入适量的清水，置于大火上煮沸。

3. 将苦瓜、冰糖放入锅中，改用小火继续煮至米开花时即可。

功效: 此粥可清利暑热、止痢解毒，适用于中暑烦渴、痢疾等症。

特禀体质的表现

体质表现概述：先天失常，以生理缺陷、过敏反应等为主要特征。

身体特征：过敏体质者一般无特殊特征；先天禀赋异常者或有畸形，或有生理缺陷。

具体表现：过敏体质者常见哮喘、咽痒、鼻塞、喷嚏等；患遗传性疾病者有垂直遗传、先天性、家族性特征；患胎传性疾病者具有母体影响胎儿个体生长发育及相关疾病特征。

心理表现：随禀质不同情况各异。

易患疾病：过敏体质者易患哮喘、荨麻疹、花粉症及药物过敏等；遗传性疾病如血友病、先天愚型等；胎传性疾病如五迟（立迟、行迟、发迟、齿迟和语迟）、五软（头软、项软、手足软、肌肉软、口软）、胎惊等。

对外界环境适应能力：适应能力差，如过敏体质者对易致过敏季节适应能力差，易引发宿疾。

特禀体质的饮食法则

特禀体质的人要遵循益气固表、养血消风的养生原则，饮食宜清淡、均衡，粗细搭配适当，荤素配伍合理，慎食寒凉食品。

◎特禀体质养生之道◎

出门佩戴口罩，因为空气中的花粉、柳絮、尘螨或农田中的农药挥发物可被吸入鼻腔，引起强烈的刺激、流涕、咳喘等症状。

保持室内清洁，被褥、床单要经常洗晒，室内装修后不宜立即搬进居住。

不宜养宠物，起居应有规律，保证充足睡眠，积极参加各种体育锻炼，避免情绪紧张。

衣服尤其是内衣，最好选择天然质地的布料，不要使用有刺激性的化妆品，做好防晒和防辐射的工作。

✓ 特禀体质适宜吃的食物

特禀体质的人要多吃一些新鲜的水果、蔬菜，饮食要均衡，最好食用包括大量含丰富维生素 C 的生果蔬菜，任何含 B 族维生素的食物。

✗ 特禀体质不宜吃的食物

黑鱼、泥螺、海带、紫菜、田螺、河蚌、蛤蜊、苦瓜、番茄、荸荠、菱肉、百合、藕、竹笋、鱼腥草、马齿苋、蕨菜、荠菜、香椿、莼菜、桑葚、甘蔗、梨、西瓜、柿子、香蕉，以及少食虾、荞麦、蚕豆、白扁豆、牛肉、鹅肉、茄子、酒、辣椒、浓茶、咖啡等辛辣之品，腥膻发物及含致敏物质的食物。

芝麻蜂蜜粥

材料：大米 100 克，黑芝麻 30 克，蜂蜜 20 克。

做法：
1. 黑芝麻下入锅中，小火炒香，出锅后趁热碾成粗末。2. 将大米淘洗干净，冷水浸泡半小时，捞出，沥干水分备用。3. 锅中加入约 1000 毫升冷水，放入大米，先用大火烧沸，然后转小火熬煮。4. 煮至八成熟时，放入黑芝麻末和蜂蜜，煮至大米熟烂，即可食用。

功效：此粥有乌发、润肠通便、缓解眼花耳聋的功效。

红枣薏米粥

材料：薏仁、红枣各 50 克，糯米 200 克，奶粉 200 克，红糖适量。

做法：
1. 薏仁、糯米浸泡 20 分钟，沥干备用；奶粉先以 1 碗冷开水搅匀后过滤。2. 锅置火上，加入薏仁和大米，先用大火煮开，转小火煮 5 分钟。3. 放入洗净之红枣，再加盖以中火煮 5 分钟，小火焖煮 2 小时 40 分钟。4. 起锅后，加入适量红糖，备好的牛奶拌匀，即成。

功效：此粥可美白肌肤、补血祛湿。

香菇蔬菜粥

材料：大米 100 克，青菜 25 克，香菇 3 朵，食盐、鸡精、香油各适量。

做法：
1. 香菇洗净切成丁，青菜洗净切丁，大米洗净。2. 煮锅中加入适量的清水烧开，加入淘洗过的大米，用小火慢煮至略黏稠。3. 米粥中加入香菇丁和适量的食盐。4. 加入青菜丁继续煮，稍煮 1 分钟，加入适量的鸡精提味，最后倒入些香油即可。

功效：此粥可提高机体免疫力、通便排毒。

第 4 章
日常保健美味粥

　　一碗保健粥，其味鲜美，润喉易食，营养丰富又易于消化，与肠胃相得，最为饮食之妙诀。为此，我们精心挑选粥品，按开胃消食、提神健脑、保肝护肾、养心润肺、补血养颜等保健功效分别为你呈现五谷杂粮粥，让你轻松依照功效制作自己喜欢的养生粥。

开胃消食

茴香青菜粥

材 料：大米 100 克，茴香 5 克，青菜适量，盐、胡椒粉各 2 克。

做 法：

1. 大米洗净，泡发半小时后捞出沥干水分；青菜洗净，切丝。2. 锅置火上，倒入清水，放入大米，以大火煮开。3. 加入茴香同煮至熟，再入青菜，以小火煮至浓稠状，调入盐、胡椒粉拌匀即可。

适合人群：儿童

香甜苹果粥

材 料：大米 100 克，苹果 30 克，玉米粒 20 克，冰糖 5 克，葱花少许。

做 法：

1. 大米淘洗干净，用清水浸泡；苹果洗净后切块；玉米粒洗净。2. 锅置火上，放入大米，加适量清水煮至八成熟。3. 放入苹果、玉米粒煮至米烂，放入冰糖熬融调匀，撒上葱花即可。

适合人群：儿童

桂圆糯米粥

材 料：桂圆肉 50 克，糯米 100 克，白糖、姜丝各 5 克。

做 法：

1. 糯米淘洗干净，放入清水中浸泡。

2. 锅置火上，放入糯米，加适量清水煮至粥将成。

3. 放入桂圆肉、姜丝，煮至米烂后放入白糖调匀即可。

适合人群：男性

鸡蛋生菜粥

材料: 鸡蛋1个, 生菜10克, 玉米粒20克, 大米80克, 盐2克, 鸡汤100克, 葱花、香油少许。

做法:

① 大米洗净, 用清水浸泡; 玉米粒洗净; 生菜叶洗净, 切丝; 鸡蛋煮熟后切碎。② 锅置火上, 注入清水, 放入大米、玉米煮至八成熟。③ 倒入鸡汤稍煮, 放入鸡蛋、生菜, 加盐、香油调匀, 撒上葱花即可。

适合人群: 老年人

香菜鲇鱼粥

材料: 大米100克, 鲇鱼肉50克, 香菜末少许, 盐3克, 味精2克, 料酒、姜丝、枸杞、香油适量。

做法:

① 大米洗净, 用清水浸泡; 鲇鱼肉洗净后用料酒腌渍去腥。② 锅置火上, 放入大米, 加适量清水煮至五成熟。③ 放入鲇鱼肉、枸杞、姜丝煮至米粒开花, 加盐、味精、香油调匀, 撒上香菜末即可。

适合人群: 儿童

桂花鱼糯米粥

材料: 糯米80克, 净桂花鱼50克, 猪五花肉20克, 盐3克, 味精2克, 料酒、葱花、姜丝、枸杞、香油各适量。

做法:

① 糯米洗净, 用清水浸泡; 用料酒腌渍桂花鱼以去腥; 五花肉洗净后切小块, 蒸熟备用。② 锅置火上, 加清水, 放糯米煮至五成熟。③ 放入桂花鱼、猪五花肉、枸杞、姜丝煮至米粒开花, 加盐、味精、香油调匀, 撒葱花即可。

适合人群: 孕产妇

茶叶消食粥

材 料：茶叶适量，大米100克，盐2克。

做 法：

1. 大米泡发洗净；茶叶洗净，加水煮好，取汁待用。2. 锅置火上，倒入茶叶汁，放入大米，以大火煮开。3. 再以小火煮至浓稠状，调入盐拌匀即可。

适合人群：儿童

陈皮白糖粥

材 料：陈皮3克，大米110克，白糖8克。

做 法：

1. 陈皮洗净，剪成小片；大米泡发洗净。2. 锅置火上，注水后，放入大米，用大火煮至米粒开花。3. 放入陈皮，用小火熬至粥成闻见香味时，放入白糖调味即可。

适合人群：老年人

大米竹叶汁粥

材 料：竹叶适量，大米100克，白糖3克。

做 法：

1. 大米泡发洗净；竹叶洗净，加水煮好，取汁待用。2. 锅置火上，倒入煮好的竹叶汁，放入大米，以大火煮开。3. 加入竹叶煮至浓稠状，调入白糖拌匀即可。

适合人群：老年人

大米神曲粥

材 料：大米 100 克，神曲适量，白糖 5 克。

做 法：

1. 大米洗净，泡发后，捞出沥水备用；神曲洗净。
2. 锅置火上，倒入清水，放入大米，以大火煮至米粒开花。
3. 加入神曲同煮片刻，再以小火煮至浓稠状，调入白糖拌匀即可。

适合人群：男性

橘皮粥

材 料：干橘皮适量，大米 80 克，盐 2 克，葱 8 克。

做 法：

1. 大米泡发洗净；橘皮洗净，加水煮好，取汁待用；葱洗净，切成圈。
2. 锅置火上，加入适量清水，放入大米，以大火煮开，再倒入熬好的汁液。
3. 以小火煮至浓稠状，撒上葱花，调入盐拌匀即可。

适合人群：儿童

豌豆高粱粥

材 料：红豆、豌豆各 30 克，高粱米 70 克，白糖 4 克。

做 法：

1. 高粱米、红豆均泡发洗净；豌豆洗净。
2. 锅置火上，倒入清水，放入高粱米、红豆、豌豆一同煮开。
3. 待煮至浓稠状时，调入白糖拌匀即可。

适合人群：儿童

山楂粥

材料：粳米 100 克，山楂适量，盐 2 克。

做法：

① 山楂用清水快速冲洗干净，粳米洗净浸泡 1 小时后捞出。② 将粳米放入砂锅中，加适量清水，先用大火煮开，再转小火慢慢熬煮。③ 放入山楂，熬煮半小时，至粥黏稠时，加盐调味即可。

适合人群：儿童

花生杏仁粥

材料：粳米 200 克，花生仁 50 克，杏仁 25 克，白糖 20 克，冷水 2500 毫升。

做法：

① 花生仁洗净，用冷水浸泡回软；杏仁焯水烫透，备用。② 粳米淘洗干净，浸泡半小时后放入锅中，加水旺火煮沸。转小火，下入花生仁，煮约 45 分钟，再下入杏仁及白糖，搅拌均匀，煮 15 分钟，出锅装碗即可。

适合人群：老年人

粳米姜粥

材料：粳米 200 克，鲜生姜 15 克，红枣 2 枚，红糖 15 克，冷水 1500 毫升。

做法：

① 粳米淘洗干净，用冷水浸泡半小时，捞起，沥干水分。② 鲜生姜去皮，剁成细末；红枣洗净，去核。③ 锅中注入约 1500 毫升冷水，将粳米放入，用旺火烧沸，放入姜末、红枣，转小火熬煮成粥，再下入红糖拌匀，稍焖片刻，即可盛起食用。

适合人群：老年人

锅巴粥

材 料：粳米 100 克，锅巴 200 克，干山楂片 50 克，白糖 10 克，冷水适量。

做 法：

1. 将锅巴掰碎；干山楂片洗净。 2. 粳米淘洗干净，用冷水浸泡半小时，捞出，沥干水分。 3. 取锅放入适量冷水、山楂片、粳米，先用旺火煮开，然后改用小火熬煮，至粥将成时加入锅巴，再略煮片刻，以白糖调味，即可盛起食用。

适合人群：老年人

荞麦粥

材 料：荞麦粉 150 克，盐 2 克，冷水 1000 毫升。

做 法：

1. 荞麦粉放入碗内，用温水调成稀糊。 2. 锅中加入约 1000 毫升冷水，烧沸，缓缓倒入荞麦粉糊，搅匀，用旺火再次烧沸，然后转小火熬煮。 3. 见粥将成时下入盐调好味，再稍焖片刻，即可盛起食用。

适合人群：老年人

刺儿菜粥

材 料：粳米、刺儿菜各 100 克，葱末 3 克，盐 1.5 克，味精 1 克，香油 3 克，冷水适量。

做 法：

1. 将刺儿菜择洗干净，入沸水锅焯过，冷水过凉，捞出细切。 2. 粳米淘洗干净，用冷水浸泡半小时，捞出。 3. 取砂锅加入冷水、粳米，先用旺火煮沸，再改用小火煮至粥将成时，加入刺儿菜，待滚，用盐、味精调味，撒上葱末、淋上香油，即可食用。

适合人群：老年人

菠菜山楂粥

材 料：菠菜 20 克，山楂 20 克，大米 100 克，冰糖 5 克。

做法：

① 大米淘洗干净，用清水浸泡；菠菜洗净；山楂洗净。② 锅置火上，放入大米，加适量清水煮至七成熟。③ 放入山楂煮至米粒开花，放入冰糖、菠菜稍煮后调匀便可。

适合人群：儿童

冬瓜瘦肉枸杞粥

材 料：冬瓜 120 克，大米 60 克，猪瘦肉 100 克，枸杞 15 克，盐 3 克，鸡精 2 克，香油 5 克，葱花适量。

做法：

① 冬瓜去皮，洗净切块；猪瘦肉洗净切块，加盐腌渍片刻；枸杞洗净；大米淘净，泡半小时。② 锅中加适量水，放入大米以旺火煮开，加入猪肉、枸杞，煮至猪瘦肉变熟。③ 待大米熬烂时，加盐、鸡精调味，淋香油，撒上葱花即可。

适合人群：男性

菠菜瘦肉粥

材 料：菠菜 100 克，猪瘦肉 80 克，大米 80 克，盐 3 克，鸡精 1 克，生姜末 15 克。

做法：

① 菠菜洗净切碎；猪瘦肉洗净切丝，用盐稍腌；大米淘净泡好。② 锅中注水，下入大米煮开，下入猪瘦肉、生姜末，煮至猪瘦肉变熟。③ 下入菠菜，熬至粥成，调入盐、鸡精调味即可。

适合人群：男性

提神健脑

▌陈皮核桃粥

材 料: 粳米 150 克, 陈皮 6 克, 核桃仁 20 克, 冰糖 10 克, 色拉油 5 克, 冷水 1500 毫升。

做 法:

①. 粳米淘净, 冷水浸泡半小时, 沥水备用。②. 陈皮冷水润透, 切丝。③. 核桃仁炸香, 捞起备用。④. 将粳米加水熬煮至八成熟时, 加入陈皮丝、核桃仁、冰糖搅匀, 煮至粳米软烂即可。

适合人群: 青少年

▌红豆花生红枣粥

材 料: 粳米 100 克, 红豆 50 克, 花生仁 50 克, 红枣 5 枚, 白糖 10 克, 冷水 1500 毫升。

做 法:

①. 红豆、花生仁洗净, 冷水浸泡回软。②. 红枣洗净, 剔去枣核。③. 粳米淘洗干净, 冷水浸泡半小时, 捞出, 沥干水分。④. 锅中加水, 入红豆、花生仁、粳米, 旺火煮沸后, 放入红枣, 小火慢熬至粥成, 白糖调味即可。

适合人群: 青少年

▌虾仁蜜桃粥

材 料: 粳米 100 克, 虾仁 30 克, 水蜜桃半个, 苹果半个, 小黄瓜 1 根, 奶油球 2 个, 盐 1 克, 白糖 3 克, 冷水 1000 毫升。

做 法:

①. 水蜜桃、苹果和小黄瓜洗净, 切成丁。②. 虾仁洗净备用。③. 粳米洗净, 入锅中加冷水, 小火慢煮成稀粥。④. 将虾仁、水果丁放入粥中, 煮至虾仁熟透, 加入奶油球、盐、白糖调味, 即可盛起食用。

适合人群: 青少年

▌花生鱼粥

材 料: 鱼肉50克, 花生少许, 猪瘦肉20克, 大米80克, 盐3克, 味精2克, 香菜末、葱花、姜末、香油各适量。

做 法:

① 大米淘洗干净, 放入清水中浸泡30分钟; 鱼肉切片, 抹上盐略腌; 猪瘦肉洗净切末; 花生洗净, 泡发。② 锅置火上, 注入清水, 放入大米、花生煮至五成熟。③ 再放入鱼肉、猪瘦肉、姜末煮至粥将成, 加盐、味精、香油调匀, 撒上香菜末、葱花便可。

适合人群: 男性

▌桂圆莲芡粥

材 料: 桂圆肉、莲子、芡实各适量, 大米100克, 盐2克, 葱少许。

做 法:

① 大米洗净泡发; 桂圆肉洗净; 芡实、莲子洗净, 挑去莲心; 葱洗净, 切圈。② 锅置火上, 注水后, 放入大米、芡实、莲子, 用大火煮至米粒开花。③ 再放入桂圆肉, 改用小火煮至粥成闻见香味时, 放入盐调味, 撒上葱花即可。

适合人群: 儿童

▌猪脑粥

材 料: 猪脑120克, 大米80克, 葱花5克, 姜末3克, 料酒4克, 盐3克, 味精2克。

做 法:

① 大米淘净, 用冷水浸泡半小时后, 捞出沥干水分; 猪脑用清水浸泡, 洗净。将猪脑装入碗中, 加入姜末、料酒, 入锅中蒸熟。② 锅中注水, 下入大米, 倒入蒸猪脑的原汤, 熬至粥将成时, 下入猪脑, 再煮5分钟, 待香味逸出, 加盐、味精调味, 撒上葱花即可。

适合人群: 男性

鸡腿瘦肉粥

材料：鸡腿肉150克，猪肉100克，大米80克，姜丝4克，盐3克，味精2克，葱花2克，香油适量。

做法：

①猪肉洗净，切片；大米淘净，泡好；鸡腿肉洗净，切小块。②锅中注水，下入大米，大火煮沸，放入鸡腿肉、猪肉、姜丝，中火熬煮至米粒软散。③小火将粥熬煮至浓稠，加入盐、味精调味，淋香油，撒入葱花即可。

适合人群：儿童

花生蛋糊粥

材料：花生米10克，鸡蛋1个，红枣5枚，糯米50克，蜂蜜5克，葱花适量。

做法：

①糯米洗净，放入清水中浸泡；花生米、红枣洗净。②锅置火上，注入清水，放入糯米煮至五成熟。③放入花生米、红枣煮至粥将成，磕入鸡蛋，打散略煮，加蜂蜜调匀，撒上葱花即可。

适合人群：儿童

胡萝卜蛋黄粥

材料：大米100克，熟鸡蛋黄1个，胡萝卜10克，盐3克，香油、葱花适量。

做法：

①大米洗净，入清水浸泡；胡萝卜洗净，切小丁。②锅置火上，注入清水，放入大米煮至七成熟。③放入胡萝卜丁煮至米粒开花，放入鸡蛋黄稍煮，加盐、香油调匀，撒上葱花即可。

适合人群：儿童

螃蟹豆腐粥

材 料：螃蟹1只，豆腐20克，白米饭80克，盐3克，味精2克，香油、胡椒粉、葱花适量。

做 法：

①螃蟹洗净后蒸熟；豆腐洗净，沥干水分后研碎。②锅置火上，放入清水，烧沸后倒入白米饭，煮至七成熟。③放入蟹肉、豆腐熬煮至粥将成，加盐、味精、香油、胡椒粉调匀，撒上葱花即可。

适合人群：儿童

银耳双豆玉米粥

材 料：银耳30克，绿豆片、红豆片、玉米片各20克，大米80克，白糖3克。

做 法：

①大米浸泡半小时后，捞出备用；银耳泡发洗净，切碎；绿豆片、红豆片、玉米片均洗净，备用。②锅置火上，放入大米、绿豆片、红豆片、玉米片，倒入清水煮至米粒开花。③放入银耳同煮片刻，待粥至浓稠状时，调入白糖拌匀即可。

适合人群：儿童

状元及第粥

材 料：大米150克，猪肝、粉肠各20克，香菜、盐各适量，咸菜10克。

做 法：

①猪肝洗净切片；粉肠洗净切段；大米淘洗干净；咸菜、香菜洗净切段。②锅中加水煮开，放入猪肝片、粉肠片煮约1小时后捞起沥干。③锅加水，大米烧开，放盐、猪肝片、粉肠片烧开，小火慢煲，食前加咸菜、香菜即可。

适合人群：儿童

蟹肉蛋花粥

材料：蟹肉、香米、鸡蛋、葱花各适量，姜汁、葱汁、盐、胡椒粉、香油各适量。

做法：

① 蟹肉洗净切碎，鸡蛋打散，香米淘洗干净。

② 水烧热，下香米烧开煮20分钟，下蟹肉、姜汁、葱汁、胡椒粉、盐熬成粥，倒入蛋液微煮，淋香油搅匀，撒上葱花即成。

适合人群：儿童

虾肉粥

材料：粳米、糯米、虾肉、红椒、青笋各适量，虾油、姜汁、葱汁、盐各适量。

做法：

① 虾肉洗净切丁；青笋洗净切丁；红椒洗净切粒；粳米、糯米分别洗净。② 水烧热，下粳米、糯米烧沸，下青笋丁、姜汁、葱汁煮至米无硬心，再下虾肉丁、虾油、红椒粒、盐，熬成粥即成。

适合人群：儿童

生滚鳝鱼粥

材料：鳝鱼100克，大米50克，红枣1枚，姜、葱、盐各适量。

做法：

① 鳝鱼洗净切片；姜洗净切丝；葱洗净切花；红枣洗净切丝；大米洗净。② 锅上火，注入水，加油、姜丝、枣丝煮开，再放米煮开后，转慢火熬煮，至大米熟软时，放鳝鱼片，继续熬至米成糊状时，调入盐，撒葱花拌匀即可。

适合人群：男性

保肝护肾

美味蟹肉粥

材 料：鲜湖蟹1只，大米100克，盐3克，味精2克，姜末、白醋、酱油、葱花少许。

做 法：

1. 大米淘洗干净；鲜湖蟹洗净后蒸熟。
2. 锅置火上，放入大米，加适量清水煮至八成熟。
3. 放入湖蟹、姜末煮至米粒开花，加盐、味精、酱油、白醋调匀，撒上葱花即可。

适合人群：男性

红枣首乌芝麻粥

材 料：红枣20克，何首乌10克，黑芝麻少许，大米100克，红糖10克。

做 法：

1. 何首乌入锅，倒入一碗水熬至半碗，去渣待用；红枣去核洗净；大米泡发洗净。
2. 锅置火上，注水后，放入大米，大火煮至米粒绽开。
3. 倒入何首乌汁，放入红枣、黑芝麻，小火煮至粥成，放红糖调味即可。

适合人群：老年人

百合桂圆薏米粥

材 料：百合、桂圆肉各25克，薏米100克，白糖5克，葱花少许。

做 法：

1. 薏米洗净，放入清水中浸泡；百合、桂圆肉洗净。
2. 锅置火上，放入薏米，加适量清水煮至粥将成。
3. 放入百合、桂圆肉煮至米烂，加白糖稍煮后调匀，撒葱花即可。

适合人群：老年人

甜瓜西米粥

材料: 甜瓜、胡萝卜、豌豆各20克，西米70克，白糖4克。

做法:

1️⃣ 西米泡发洗净；甜瓜、胡萝卜均洗净，切丁；豌豆洗净。2️⃣ 锅置火上，倒入清水，放入西米、甜瓜、胡萝卜、豌豆一同煮开。3️⃣ 待煮至浓稠状时，调入白糖拌匀即可。

适合人群: 男性

黄花菜瘦肉枸杞粥

材料: 干黄花菜50克，猪瘦肉100克，枸杞少许，大米80克，盐、味精、葱花各适量。

做法:

1️⃣ 猪瘦肉洗净，切丝；干黄花菜用温水泡发，切成小段；枸杞洗净；大米淘净，浸泡半小时后捞出沥干水分。2️⃣ 锅中注水，下入大米、枸杞，大火烧开，改中火，下入猪瘦肉、黄花菜、姜末，煮至猪瘦肉变熟。小火将粥熬好，调入盐、味精调味，撒上葱花即可。

适合人群: 老年人

板栗花生猪腰粥

材料: 猪腰50克，板栗45克，花生米30克，糯米80克，盐3克，鸡精1克，葱花少许。

做法:

1️⃣ 糯米淘净，浸泡3小时；花生米洗净；板栗去壳、去皮；猪腰洗净，剖开，除去腰臊，打上花刀，再切成薄片。2️⃣ 锅中注水，放入糯米、板栗、花生米旺火煮沸。3️⃣ 待米粒开花，放入腌好的猪腰，慢火熬至猪腰变熟，加盐、鸡精调味，撒入葱花即可。

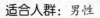
适合人群: 男性

猪腰枸杞大米粥

材 料：猪腰 80 克，枸杞 10 克，白茅根 15 克，大米 120 克，盐 3 克，鸡精 2 克，葱花 5 克。

做 法：

1. 猪腰洗净，去腰臊，切花刀；白茅根洗净，切段；枸杞洗净；大米淘净，泡好。 2. 大米放入锅中，加水，旺火煮沸，下入白茅根、枸杞，中火熬煮。 3. 等米粒开花，放入猪腰，转小火，待猪腰变熟，加盐、鸡精调味，撒上葱花即可。

适合人群：男性

猪肉鸡肝粥

材 料：大米 80 克，鸡肝 100 克，猪肉 120 克，盐 3 克，味精 1 克，葱花少许。

做 法：

1. 大米淘净，泡半小时；鸡肝用水泡洗干净，切片；猪肉洗净，剁成末，用料酒略腌渍。 2. 大米放入锅中，放适量清水，煮至粥将成时，放入鸡肝、肉末，转中火熬煮。 3. 待熬煮成粥，加入盐、味精调味，撒上葱花即可。

适合人群：男性

虾米包菜粥

材 料：大米 100 克，包菜、小虾米各 20 克，盐 3 克，味精 2 克，姜丝、胡椒粉各适量。

做 法：

1. 大米洗净，放入清水中浸泡；包菜洗净切细丝；小虾米洗净。 2. 锅置火上，注入清水，放入大米，煮至五成熟。 3. 放入小虾米、姜丝煮至粥将成，放入包菜稍煮，加盐、味精、胡椒粉调匀即成。

适合人群：男性

刺五加粥

材料: 刺五加适量，大米 80 克，白糖 3 克。

做法:

1. 大米泡发洗净；刺五加洗净，装入纱布袋中。 2. 锅置火上，倒入清水，放入大米，以大火煮至米粒开花。 3. 再下入装有刺五加的纱布袋同煮至浓稠状，拣出纱布袋，调入白糖拌匀即可。

适合人群: 老年人

当归桂枝红参粥

材料: 当归、桂枝、红参、甘草、红枣各适量，大米 100 克，盐 2 克，葱少许。

做法:

1. 将桂枝、红参、当归、甘草入锅，倒入两碗水熬至一碗待用；大米洗净；葱洗净，切花。 2. 锅置火上，注水后，放入大米用大火煮至米粒开花，放入红枣同煮。 3. 倒入熬好的汤汁，改用小火熬至粥浓稠闻见香味时，放入盐调味，撒上葱花即可。

适合人群: 女性

鹿茸粥

材料: 大米 100 克，鹿茸适量，盐 2 克，葱花适量。

做法:

1. 大米洗净，浸泡半小时后捞出沥干水分，备用；鹿茸洗净，倒入锅中，加水煮好，取汁待用。 2. 锅置火上，加入适量清水，倒入煮好的汁，放入大米，以大火煮至米粒开花。 3. 再转小火续煮至浓稠状，放入盐调味，撒上葱花即可。

适合人群: 老年人

天冬米粥

材料: 天冬适量，大米100克，白糖3克，葱5克。

做法:

①大米泡发洗净；天冬洗净；葱洗净，切圈。②锅置火上，倒入清水，放入大米，以大火煮开。③加入天冬煮至粥呈浓稠状，撒上葱花，调入白糖拌匀即可。

适合人群: 男性

泽泻枸杞粥

材料: 泽泻适量，枸杞适量，大米80克，盐1克。

做法:

①大米泡发洗净；枸杞洗净；泽泻洗净，加水煮好，取汁待用。②锅置火上，加入适量清水，放入大米、枸杞以大火煮开。③再倒入熬煮好的泽泻汁，以小火煮至浓稠状，调入盐拌匀即可。

适合人群: 老年人

双豆麦片粥

材料: 黄豆、毛豆各20克，大米、麦片各40克，白糖3克。

做法:

①大米、麦片、黄豆、毛豆均泡发洗净。②锅置火上，倒入水，放入大米、麦片、黄豆、毛豆，以大火煮开。③待煮至浓稠状，调入白糖拌匀即可。

适合人群: 老年人

黑米黑豆莲子粥

材料：糙米40克，燕麦30克，黑米、黑豆、红豆、莲子各20克，白糖5克。

做法：

1. 糙米、黑米、黑豆、红豆、燕麦均洗净，泡发；莲子洗净，泡发后，挑去莲心。2. 锅置火上，加入适量清水，放入糙米、黑豆、黑米、红豆、莲子、燕麦开大火煮沸。3. 最后转小火煮至各材料均熟，粥呈浓稠状时，调入白糖拌匀即可。

适合人群：老年人

黑米红豆茉莉粥

材料：黑米50克，红豆30克，茉莉花适量，莲子、花生仁各20克，白糖5克。

做法：

1. 黑米、红豆均泡发洗净；莲子、花生仁、茉莉花均洗净。2. 锅置火上，倒入清水，放入黑米、红豆、莲子、花生仁煮开。3. 加入茉莉花同煮至浓稠状，调入白糖拌匀即可。

适合人群：女性

生滚猪肝粥

材料：米30克，猪肝20克，姜末3克，蒜末3克，盐2克，调和油2克，味精2克。

做法：

1. 猪肝洗净切片，入锅煮熟，捞出待用。
2. 米洗净加适量水，熬30分钟至成粥。
3. 将猪肝片和调味料倒入粥中，调匀，再煲1~2分钟使粥入味即可。

适合人群：老年人

枸杞猪肝粥

材 料：猪肝、枸杞叶、红枣、大米各适量，盐、淀粉、姜丝、葱花各适量。

做 法：

① 猪肝洗净切片，调入盐、淀粉稍腌渍；枸杞叶洗净，红枣洗净切丝。② 水烧开，放姜丝和红枣丝烧开，加入米，煲至锅中米粒开花时，放入猪肝片，至米成糊状时，加盐，放枸杞叶，撒葱花即可。

适合人群：男性

猪肉紫菜粥

材 料：大米 100 克，紫菜少许，猪肉 30 克，皮蛋 1 个，盐 3 克，香油、胡椒粉、葱花、枸杞各适量。

做 法：

① 大米洗净，放入清水中浸泡；猪肉洗净切末；皮蛋去壳，洗净切丁；紫菜泡发后撕碎。② 锅置火上，注入清水，放入大米煮至五成熟。③ 放入猪肉、皮蛋、紫菜、枸杞煮至米粒开花，加盐、香油、胡椒粉调匀，撒上葱花即可。

适合人群：男性

羊肉山药粥

材 料：羊肉 100 克，山药 60 克，大米 80 克，姜丝 3 克，葱花 2 克，盐 3 克，胡椒粉适量。

做 法：

① 羊肉洗净切片；大米淘净，泡半小时；山药洗净，去皮切丁。② 锅中注水，下入大米、山药，煮开，再下入羊肉、姜丝，改中火熬煮半小时。③ 慢火熬煮成粥，加盐、胡椒粉调味，撒入葱花即可。

适合人群：男性

养心润肺

甜瓜西米粥

材料：甜瓜、胡萝卜、豌豆各20克，西米70克，白糖4克。

做法：

①西米泡发洗净；甜瓜、胡萝卜均洗净切丁；豌豆洗净。②锅置火上，倒入清水，放入西米、甜瓜、胡萝卜、豌豆一同煮开。③待煮至浓稠状时，调入白糖拌匀即可。

适合人群：儿童

雪梨双瓜粥

材料：雪梨、木瓜、西瓜各适量，大米80克，白糖5克，葱少许。

做法：

①大米泡发洗净；雪梨、木瓜去皮洗净后切小块；西瓜洗净取瓤；葱洗净切花。②锅置火上，注入水，放入大米，用大火煮至米粒开花后，放入雪梨、木瓜、西瓜同煮。③煮至粥浓稠时，调入白糖入味，撒上葱花即可。

适合人群：男性

青菜罗汉果粥

材料：大米100克，猪肉50克，罗汉果1个，青菜20克，盐3克，鸡精1克。

做法：

①猪肉洗净切丝；青菜洗净切碎；大米淘净泡好；罗汉果打碎后，下入锅中煎煮汁液。②锅中加水，入大米，中火煮开，下入猪肉煮至变熟。③倒入罗汉果汁，改小火，放入青菜，熬至粥成，下入盐、鸡精调味即可。

适合人群：男性

小白菜萝卜粥

材 料：小白菜30克，胡萝卜少许，大米100克，盐3克，味精少许，香油适量。

做 法：

① 小白菜洗净，切丝；胡萝卜洗净，切小块；大米泡发洗净。② 锅置火上，注水后，放入大米，用大火煮至米粒绽开。③ 放入胡萝卜、小白菜，用小火煮至粥成，放入盐、味精，滴入香油即可食用。

适合人群：老年人

莲藕糯米甜粥

材 料：鲜藕、花生、红枣各15克，糯米90克，白糖6克。

做 法：

① 糯米泡发洗净；莲藕洗净，切片；花生洗净；红枣去核洗净。② 锅置火上，注入清水，放入糯米、藕片、花生、红枣，用大火煮至米粒完全绽开。③ 改用小火煮至粥成，加入白糖调味即可。

适合人群：孕产妇

糯米银耳粥

材 料：糯米80克，银耳50克，玉米10克，白糖5克，葱少许。

做 法：

① 银耳泡发洗净；糯米洗净，玉米洗净；葱洗净，切花。② 锅置火上，注入清水，放入糯米煮至米粒开花后，放入银耳、玉米。③ 用小火煮至粥呈浓稠状时，调入白糖入味，撒上葱花即可。

适合人群：男性

柿饼菜粥

材料：柿饼适量，青菜 10 克，大米 100 克，白糖 5 克。

做法：

① 大米洗净，泡发半小时后捞出沥干水分，备用；柿饼洗净，切碎；青菜洗净，切成细丝。
② 锅置火上，倒入清水，放入大米，以大火煮开。③ 加入柿饼同煮至浓稠状，再下入青菜丝，调入白糖拌匀即可。

适合人群：女性

肉丸香粥

材料：猪肉丸子 120 克，大米 80 克，葱花 3 克，姜末 5 克，盐 3 克，味精适量。

做法：

① 大米淘净，泡半小时；猪肉丸子洗净，切小块。② 锅中注水，下入大米，大火烧开，改中火，放猪肉丸子、姜末，煮至肉丸变熟。③ 改小火，将粥熬好，加盐、味精调味，撒上葱花即可。

适合人群：男性

枸杞牛肉莲子粥

材料：牛肉 100 克，枸杞 30 克，莲子 50 克，大米 80 克，盐 3 克，鸡精 2 克，葱花适量。

做法：

① 牛肉洗净，切片；莲子洗净，浸泡后，挑去莲心；枸杞洗净；大米淘净，泡半小时。
② 大米入锅，加适量清水，旺火烧沸，下入枸杞、莲子，转中火熬煮至米粒开花。③ 放入牛肉片，用慢火将粥熬出香味，加盐、鸡精调味，撒上葱花即可。

适合人群：男性

鸭肉菇杞粥

材 料：鸭肉80克，冬菇30克，枸杞10克，大米120克，料酒5克，生抽4克，盐3克，味精、葱花适量。

做 法：

1. 大米泡好；冬菇泡发洗净，切片；枸杞洗净；鸭肉洗净切块，用料酒、生抽腌制。2. 油锅烧热，放入鸭肉过油盛出；锅加清水，放入大米旺火煮沸，下入冬菇、枸杞，中火熬煮至米粒开花。3. 下入鸭肉，煮至肉烂，调入盐、味精调味，撒上葱花即可。

适合人群：男性

白菜鸡蛋大米粥

材 料：大米100克，白菜30克，鸡蛋1个，盐3克，香油、葱花适量。

做 法：

1. 大米淘洗干净，放入清水中浸泡；白菜洗净切丝；鸡蛋煮熟后切碎。2. 锅置火上，注入清水，放入大米煮至粥将成。3. 放入白菜、鸡蛋煮至粥黏稠时，加盐、香油调匀，撒上葱花即可。

适合人群：女性

柏仁大米粥

材 料：柏子仁适量，大米80克，盐1克。

做 法：

1. 大米泡发洗净；柏子仁洗净。2. 锅置火上，倒入清水，放入大米，以大火煮至米粒开花。3. 加入柏子仁，以小火煮至浓稠状，调入盐拌匀即可。

适合人群：老年人

茯苓莲子粥

材 料：大米100克，茯苓、红枣、莲子各适量，白糖、红糖各3克。

做 法：

1. 大米泡发洗净；红枣洗净，切成小块；茯苓洗净；莲子洗净，泡发后去除莲心。2. 锅置火上，倒入适量清水，放入大米，以大火煮至米粒开花。3. 加入茯苓、莲子同煮至熟，再加入红枣，以小火煮至浓稠状，调入白糖、红糖拌匀即可。

适合人群：孕产妇

枸杞麦冬花生粥

材 料：花生米30克，大米80克，枸杞、麦冬各适量，白糖3克。

做 法：

1. 大米洗净，放入冷水中浸泡1小时后，捞出备用；枸杞、花生米、麦冬均洗净。2. 锅置火上，放入大米，倒入清水煮至米粒开花，放入花生米、麦冬同煮。3. 待粥至浓稠状时，放入枸杞煮片刻，调入白糖拌匀即可。

适合人群：女性

红豆枇杷粥

材 料：红豆80克，枇杷叶15克，大米100克，盐2克。

做 法：

1. 大米泡发洗净；枇杷叶刷洗净绒毛，切丝；红豆泡发洗净。2. 锅置火上，倒入清水，放入大米、红豆，以大火煮至米粒开花。3. 下入枇杷叶，再转小火煮至粥呈浓稠状，调入盐拌匀即可。

适合人群：儿童

银耳枸杞粥

材 料：银耳30克，枸杞10克，稀粥1碗，白糖3克。

做 法：

1. 银耳泡发，洗净，摘成小朵；枸杞用温水泡发至回软，洗净，捞起。2. 锅置火上，加入适量开水，倒入稀粥搅匀。3. 放入银耳、枸杞同煮至各材料均熟，调入白糖搅匀即可。

适合人群：*孕产妇*

核桃莲子黑米粥

材 料：黑米80克，莲子、核桃仁各适量，白糖4克。

做 法：

1. 黑米泡发洗净；莲子去心洗净；核桃仁洗净。2. 锅置火上，倒入清水，放入黑米、莲子煮开。3. 加入核桃仁同煮至浓稠状，调入白糖拌匀即可。

适合人群：*孕产妇*

贡梨粥

材 料：贡梨、大米各50克，枸杞15克，白糖、红枣丁各少许。

做 法：

1. 贡梨洗净去皮切块，大米淘洗干净，枸杞洗净泡发。2. 锅中注水烧开，放入大米、枸杞、红枣丁大火煮开。3. 转用小火煲至米粒软烂，加入梨块煮5分钟，调入白糖即可。

适合人群：*老年人*

白果鸡丝粥

材料：大米300克，鸡肉100克，水发香菇20克，盐适量，参须1根，白果15克。

做法：

❶水发香菇洗净，切丝；参须洗净；白果去外皮洗净；鸡肉入锅中煮熟，捞出撕成丝。

❷大米洗净，入锅加水，再加白果、参须、香菇丝煲至粥将成时，加鸡肉丝与盐，再煮5分钟。

适合人群：女性

萝卜糯米燕麦粥

材料：燕麦片、糯米各40克，胡萝卜30克，白糖4克。

做法：

❶糯米洗净，浸于冷水中浸泡半小时后捞出沥干水分；燕麦片洗净备用；胡萝卜洗净切丁。❷锅置火上，倒入适量清水，放入糯米与燕麦片后以大火煮开。❸再加入胡萝卜丁同煮至粥呈浓稠状，调入白糖拌匀即可。

适合人群：男性

双瓜糯米粥

材料：南瓜、黄瓜各适量，糯米粉20克，大米90克，盐2克。

做法：

❶大米泡发洗净；南瓜去皮洗净后切小块；黄瓜洗净切小块；糯米粉加适量温水搅匀成糊。❷锅置火上，注入清水，放入大米、南瓜煮至米粒绽开后，再放入搅成糊的糯米粉稍煮。❸下入黄瓜，改用小火煮至粥成，调入盐入味，即可食用。

适合人群：老年人

补血养颜

木耳枣杞粥

材料：黑木耳、红枣、枸杞各15克，糯米80克，盐2克，葱少许。

做法：

1. 糯米洗净；黑木耳泡发洗净，切成细丝；红枣去核洗净，切块；枸杞洗净；葱洗净，切花。
2. 锅置火上，注入清水，放入糯米煮至米粒绽开，放入黑木耳、红枣、枸杞。
3. 用小火煮至粥成时，调入盐入味，撒上葱花即可。

适合人群：*孕产妇*

枸杞木瓜粥

材料：枸杞10克，木瓜50克，糯米100克，白糖5克，葱花少许。

做法：

1. 糯米洗净，用清水浸泡；枸杞洗净；木瓜切开取果肉，切成小块。
2. 锅置火上，放入糯米，加适量清水煮至八成熟。
3. 放入木瓜、枸杞煮至米烂，加白糖调匀，撒葱花便可。

适合人群：*女性*

桂圆枸杞红枣粥

材料：桂圆肉、枸杞、红枣各适量，大米80克，白糖5克。

做法：

1. 大米泡发洗净；桂圆肉、枸杞、红枣均洗净，红枣去核，切成小块备用。
2. 锅置火上，倒入清水，放入大米，以大火煮开。
3. 加入桂圆肉、枸杞、红枣同煮片刻，再以小火煮至浓稠状，调入白糖搅匀入味即可。

适合人群：*女性*

猪肝毛豆粥

材料：猪肝100克，毛豆60克，陈大米80克，枸杞20克，盐3克，鸡精1克，葱花、香油少许。

做法：

1. 毛豆去壳，洗净；猪肝洗净，切片；陈大米淘净，泡好；枸杞洗净。2. 陈大米入锅，加水，旺火烧沸，下入毛豆、枸杞，转中火熬至米粒开花。3. 下入猪肝，慢熬成粥，调入盐、鸡精调味，淋香油，撒上葱花即可。

适合人群：孕产妇

猪肝菠菜粥

材料：猪肝100克，菠菜50克，大米80克，盐3克，鸡精1克，葱花少许。

做法：

1. 菠菜洗净，切碎；猪肝洗净，切片；大米淘净，浸泡半小时后，捞出沥干水分。2. 大米下入锅中，加适量清水，旺火烧沸，转中火熬至米粒散开。3. 下入猪肝，慢熬成粥，最后下入菠菜拌匀，调入盐、鸡精调味，撒上葱花即可。

适合人群：孕产妇

糯米猪肚粥

材料：糯米100克，猪肚80克，南瓜50克，盐3克，料酒2克，鸡精2克，胡椒粉3克，姜末、葱花适量。

做法：

1. 南瓜洗净，去皮，切块；糯米淘净，泡3小时；猪肚洗净，切条，用盐、料酒腌制。2. 大米入锅，加水，旺火烧沸，下入猪肚、姜末、南瓜，转中火熬煮。3. 转小火，待粥黏稠时，加盐、鸡精、胡椒粉调味，撒上葱花即可。

适合人群：女性

猪腰香菇粥

材料：大米80克，猪腰100克，香菇50克，盐3克，鸡精1克，葱花少许。

做法：

① 香菇洗净，对切；猪腰洗净，去腰臊，切上花刀；大米淘净，浸泡半小时后捞出沥干水分。② 锅中注水，放入大米以旺火煮沸，再下入香菇熬煮至将成。③ 下入猪腰，待猪腰变熟，调入盐、鸡精搅匀，撒上葱花即可。

适合人群：孕产妇

猪血腐竹粥

材料：猪血100克，腐竹30克，干贝10克，大米120克，盐3克，葱花8克，胡椒粉3克。

做法：

① 腐竹、干贝温水泡发，腐竹切条，干贝撕碎；猪血洗净，切块；大米淘净，浸泡半小时。② 锅中注水，放入大米，旺火煮沸，下入干贝，再中火熬煮至米粒开花。③ 转小火，放入猪血、腐竹，待粥熬至浓稠，加入盐、胡椒粉调味，撒上葱花即可。

适合人群：女性

红枣羊肉糯米粥

材料：红枣25克，羊肉50克，糯米150克，姜末5克，葱白3克，盐2克，味精2克，葱花适量。

做法：

① 红枣洗净，去核备用；羊肉洗净，切片，用开水氽烫，捞出；糯米淘净，泡好。② 锅中添适量清水，下入糯米大火煮开，下入羊肉、红枣、姜末，转中火熬煮。改小火，下入葱白，待粥熬出香味，加盐、味精调味，撒入葱花即可。

适合人群：女性

鹌鹑蛋羊肉粥

材 料：大米80克，鹌鹑蛋2个，羊肉30克，盐3克，味精2克，料酒、葱花、姜末、香油适量。

做 法：

1. 大米淘洗干净，放入清水中浸泡；羊肉洗净切片；用料酒腌渍去腥；鹌鹑蛋煮熟后去壳。
2. 油锅烧热入羊肉，炒熟捞出。
3. 锅置火上，注入清水，放入大米煮至五成熟；放入羊肉、姜末煮至米粒开花，放鹌鹑蛋稍煮，加盐、味精、香油调匀，撒上葱花即可。

适合人群：孕产妇

鸡心红枣粥

材 料：鸡心100克，红枣50克，大米80克，葱花3克，姜末2克，盐3克，味精2克，胡椒粉4克。

做 法：

1. 鸡心洗净，放入烧沸的卤汁中卤熟后，捞出切片；大米淘净，泡好；红枣洗净，去核备用。
2. 锅中注水，下入大米大火煮沸，下入鸡心、红枣、姜末转中火熬煮。
3. 改小火，熬煮至鸡心熟透米烂，调入盐、味精、胡椒粉调味，撒入葱花即可。

适合人群：女性

鲤鱼薏米粥

材 料：鲤鱼50克，薏米、黑豆、赤小豆各20克，大米50克，盐3克，葱花、香油、胡椒粉、料酒适量。

做 法：

1. 大米、黑豆、赤小豆、薏米洗净，清水浸泡；鲤鱼洗净切小块，用料酒腌渍。
2. 锅中放入大米、黑豆、赤小豆、薏米，加适量清水煮至五成熟。
3. 放入鱼肉煮至粥将成，加盐、香油、胡椒粉调匀，撒葱花即可。

适合人群：女性

鲫鱼玉米粥

材 料：大米80克，鲫鱼50克，玉米粒20克，盐3克，味精2克，葱白丝、葱花、姜丝、料酒、香油、香醋适量。

做 法：

1. 大米用清水浸泡；鲫鱼洗净后切小片，用料酒腌渍；玉米粒洗净备用。2. 锅置火上，放入大米，加适量清水煮至五成熟。3. 放入鱼肉、玉米、姜丝煮至米粒开花，加盐、味精、香油、香醋调匀，放入葱白丝、葱花即可。

适合人群：孕产妇

白术内金红枣粥

材 料：大米100克，白术、鸡内金、红枣各适量，白糖4克。

做 法：

1. 大米泡发洗净；红枣、白术均洗净；鸡内金洗净，加水煮好，取汁待用。2. 锅置火上，加入适量清水，倒入煮好的汁，放入大米，以大火煮开。3. 再加入白术、红枣煮至粥呈浓稠状，调入白糖拌匀即可。

适合人群：女性

当归红花补血粥

材 料：大米100克，当归、川芎、黄芪、红花各适量，白糖10克。

做 法：

1. 当归、川芎、黄芪、红花洗净；大米泡发洗净。2. 锅中加水，放入大米，大火煮至米粒开花。3. 放入当归、川芎、黄芪、红花，改小火煮至粥成，调入白糖即可。

适合人群：女性

首乌红枣粥

材料: 大米 110 克, 何首乌、红枣各适量,
红糖 10 克。

做法:

① 何首乌洗净, 倒入锅中, 倒入 500 毫升水
熬至约剩 200 毫升, 去渣取汁待用; 红枣去
核洗净; 大米泡发洗净。② 锅置火上, 注水后,
放入大米, 用大火煮开。③ 倒入何首乌汁,
放入红枣, 用小火煮至粥成闻见香味, 放入
红糖调味即可。

适合人群: 孕产妇

益母红枣粥

材料: 大米 100 克, 益母草嫩叶 20 克, 红
枣 10 克, 盐 2 克。

做法:

① 大米洗净, 泡发; 红枣洗净, 去核, 切成
小块; 益母草嫩叶洗净, 切碎。② 锅置火上,
倒入适量清水, 放入大米, 以大火煮开。
③ 加入红枣煮至粥成浓稠状时, 下入益母草
嫩叶稍煮, 调入盐拌匀即可。

适合人群: 孕产妇

花生红豆陈皮粥

材料: 红豆、花生米各 30 克, 陈皮适量,
大米 60 克, 红糖 10 克。

做法:

① 大米、红豆均泡发洗净; 花生米洗净; 陈
皮洗净, 切丝。② 锅置火上, 倒入清水, 放
入大米、红豆、花生米煮至开花。③ 加陈皮、
红糖煮至浓稠即可。

适合人群: 孕产妇

核桃仁红米粥

材料：核桃仁 30 克，红米 80 克，枸杞少许，白糖 3 克。

做法：

1. 红米淘洗干净，置于冷水中泡发，半小时后捞出，沥干水分；核桃仁洗净；枸杞洗净，备用。
2. 锅置火上，倒入清水，放入红米煮至米粒开花。
3. 加入核桃仁、枸杞同煮至浓稠状，调入白糖拌匀即可。

适合人群：孕产妇

黑枣高粱粥

材料：黑枣 20 克，黑豆 30 克，高粱米 60 克，盐 2 克。

做法：

1. 高粱米、黑豆均泡发 1 小时后，洗净捞起沥干；黑枣洗净。
2. 锅置火上，倒入清水，放入高粱米、黑豆煮至开花。
3. 加入黑枣同煮至浓稠状，调入盐拌匀即可。

适合人群：女性

红枣红米补血粥

材料：红米 80 克，红枣、枸杞各适量，红糖 10 克。

做法：

1. 红米洗净泡发；红枣洗净，去核，切成小块；枸杞洗净，用温水浸泡至回软，备用。
2. 锅置火上，倒入清水，放入红米煮开。
3. 加入红枣、枸杞、红糖同煮至浓稠状即可。

适合人群：孕产妇

明目粥

材料: 三合一麦片1包, 金牛角30克, 枸杞20克, 红枣50克。

做法:

① 枸杞、红枣洗净; 三合一麦片撕开包装倒入碗中, 加入枸杞及红枣, 冲入200毫升热开水, 加盖泡3分钟备用。② 碗中加入金牛角, 搅拌均匀即可食用。

适合人群: 女性

水果粥

材料: 麦片1包, 燕麦片30克, 苹果、猕猴桃、菠萝罐头各50克。

做法:

① 苹果洗净、去皮及核; 猕猴桃洗净去皮, 菠萝罐头打开, 取出菠萝, 均切丁。② 将麦片倒入碗中用热开水泡3分钟。③ 将切好的水果放入已泡好麦片的碗中拌匀即可。

适合人群: 女性

香蕉粥

材料: 香蕉250克, 大米50克, 盐适量。

做法:

① 香蕉去皮切段, 大米洗净。② 将香蕉、米一同放入锅中, 加适量水, 煮成粥; 调入盐即可。

适合人群: 女性

花生粥

材料：花生仁 50 克，米 100 克，糖 5 克。

做法：

1. 将花生仁洗净，米洗净泡发。2. 再将花生仁和米用水混合同煮成粥。3. 待粥烂时，加入糖，煮至入味即可。

适合人群：孕产妇

红枣小米粥

材料：红枣 25 克，小米 100 克，冰糖适量。

做法：

1. 红枣泡发，洗净去核；小米淘洗净。2. 红枣、小米放入锅内，加适量水熬成粥，加入冰糖调味即可。

适合人群：女性

莲枣淮山粥

材料：红枣 50 克，淮山、莲子各 30 克，白扁豆 20 克，粳米 100 克，白砂糖适量。

做法：

1. 将红枣、淮山、莲子、白扁豆、粳米洗净备用。2. 将原材料加水熬至米熟烂，再加白砂糖，煮匀即可。

适合人群：女性

第 5 章
呵护全家滋补粥

全家人有着不同的养生重点，例如：女性的养生重点在于养血，而男性的养生重点则是补肾。所以，如果想达到一定的养生效果，一定要对不同人群的养生之道有一个概念，这样可以帮助自己的家人更科学地调理身体。

婴幼儿

婴幼儿身体发育较快，对各种营养素的需求较迫切，尤其是超重和身体长得快的孩子对营养素的需求更多。为了使孩子获得长身体的充足营养，一定要让孩子吃好、吃饱，食谱应注意多样化，注意食物的色、香、味、形和营养搭配，多种食物混合吃，以达到食物的互补作用，使身体获得各种必需的营养素。

✓ 适宜吃的食物

牛奶、瘦肉、蔬菜、米汤、巧克力等。

✕ 不宜吃的食物

油炸或油煎食物、腌熏或风干的食品、酸辣食品、太油腻或太甜的食物、茶、咖啡和酒等食物。

◎婴幼儿日常养生之道◎

父母鼓励帮助孩子多运动、积极参加体育锻炼，也是促进孩子长高的重要因素。此外，还要注意孩子的心理健康，心灵的创伤、精神紧张、情绪压抑，都会引起内分泌失调，影响生长发育和身高增长，故应消除和避免，应给孩子创造一个温馨幸福的成长环境。

肉末菜心粥

材料：大米50克，猪前夹肉10克，大白菜心20克，水发木耳20克，芹菜15克，鸡蛋1个，植物油、食盐适量。

做法：

① 将大米清洗干净、捣成碎米；蔬菜清洗干净、沥干水分、切碎；猪肉洗净、捣成肉泥，加入鸡蛋半个、适量食盐，充分拌匀，加入淀粉，再拌匀。

② 将捣碎的大米熬成稠粥，依幼儿年月大小先将菜粒适量加入粥内，煮熟，再适量放入肉泥，边拌边煮。待肉泥变色后即可。

功效：猪肉富含蛋白质，可增强宝宝体质，预防疾病；菜心富含维生素C，有助于提高宝宝抵抗力。

苹果泥粥

材 料：苹果半个，大米 50 克。

做 法：

① 苹果洗净、去皮，用勺子慢慢刮成泥状。

② 大米洗净，放入锅中，加入足量的水，煮至米烂软，加入准备好的苹果泥，搅拌均匀，再次煮开即成。

功效：此粥味道香甜，营养丰富。

蛋黄稀粥

材 料：大米 50 克，煮好的鸡蛋黄 1 个。

做 法：

① 大米淘洗干净，放入锅中，加入足量的水，煮成稀粥。② 粥将成时，将蛋黄压碎成蛋黄泥，放入锅中，稍加搅拌，再次煮开即成。

功效：蛋黄含有丰富的营养，是宝宝大脑发育必不可少的营养食品。

甜枣木耳粥

材 料：黑木耳 20 克，大米 50 克，大枣 20 枚，冰糖适量。

做 法：

① 先将木耳用凉清水浸泡半天，捞出洗净切碎；大枣洗净、去核、去皮、切碎；大米淘洗干净。② 将三者一同放入锅内，同煮为稀粥，加入冰糖，糖化即成。

功效：此粥有润肺益胃、利肠道、止血的功效。

鸡胗粉粥

材料：大米30克，鸡内金6克，陈皮3克，砂仁1.5克，白糖适量。

做法：

1. 先将鸡内金、陈皮、砂仁共研细末；大米洗净。
2. 将米单独入锅，煮成稀粥，粥成入三物粉三分之一量，再加入适量白糖即成。

功效：此粥可消食健脾，适用于小儿因饮食不节、脾胃受损而引起的肚腹胀大、面黄肌瘦。

蛋黄菠菜粥

材料：熟蛋黄1个，软米饭半小碗，菠菜2棵，高汤（猪肉汤），熬熟的植物油适量。

做法：

1. 将菠菜洗净，开水烫后切成小段，放入锅中，加少量水熬煮成糊状，备用。
2. 将蛋黄压成蛋黄泥，与软米饭和适量高汤，一同放入锅内先煮烂成粥。
3. 将菠菜糊、熬熟的植物油加入蛋黄粥即成。

功效：此粥具有润肠通便、保障营养、促进生长发育的功效。

苹果大枣粥

材料：煮好的软大米粥小半碗，苹果半个，鲜大枣5枚。

做法：

1. 将苹果洗净、去皮，削成碎片；大枣洗净、去皮、去核，切碎。
2. 将处理好的苹果和大枣一起放入锅内，大火煮开。
3. 加入准备好的软大米粥，再次煮至锅开即成。

功效：大枣益气，可提高免疫力；苹果味甜，一起煮出的粥宝宝爱吃。

豆腐鱼泥粥

材料：煮好的软米粥1小碗，熟鱼肉50克，豆腐1小块，苋菜嫩叶25克，高汤、熟植物油、食盐适量。

做法：

① 将豆腐和熟鱼肉分别压成泥状；苋菜洗净后，用开水烫一下，切碎。

② 将鱼肉泥、米粥放入锅中，加入适量的高汤，煮至熟烂。

③ 再加入豆腐泥、苋菜和熟植物油，煮烂后，加适量食盐，即可食用。

> **功效**：此粥不仅美味可口，而且营养丰富，可补充婴幼儿成长所需的多方面营养。

山药虾仁粥

材料：大米50克，山药30克，对虾2个，食盐、味精各少许。

做法：

1. 将大米洗净；山药去皮，洗净，切成小块；对虾处理干净、洗净，切成两半备用。

2. 将大米冷水入锅，大火烧开，加入山药块，用小火煮成粥。

3. 待粥将熟时，放入切好的对虾段，放入适量的食盐和味精即成。

> **功效**：山药健脾养胃；对虾补肾助阳，益脾胃。此粥营养丰富，软糯鲜香。

牛奶蛋黄米汤粥

材料：大米100克，奶粉两勺，煮好的鸡蛋黄1/3个。

做法：

1. 在烧大米粥时，将上面的米汤盛出半碗，备用；鸡蛋黄研成粉。

2. 将鸡蛋黄粉、奶粉一同放入碗内，用米汤冲服即可。

> **功效**：此粥富含蛋白质和钙质，蛋黄中还含有丰富的卵磷脂，对小儿生长和大脑发育有好处。

✔ 适宜吃的食物

鱼类、禽类、肉类、蛋类、奶类、坚果类、奶制品、各种蔬菜，尤其是绿叶蔬菜以及新鲜水果应尽量选用。

✖ 不宜吃的食物

高糖、高脂肪类的食物，如糖果和油炸烧烤食物。

◎青少年儿童日常养生之道◎

应多做户外活动，尤其在夏秋季，衣服穿得少，皮肤暴露面积大，可使体内蓄积较多的维生素D，有利于钙质吸收。此外，运动还可以刺激骨骼生长，促进骨质形成，提高骨密度。同时，还要注意孩子的心理健康，可以帮助孩子扩展兴趣，根据自己的喜好学得一技之长。

青少年儿童养生重点

这个阶段是人体发育的高峰时期。人体的骨密度一般在30岁达到最高峰（称为骨峰值），以后随着年龄增大，骨内矿物质（主要是钙）会逐渐流失，骨密度慢慢下降，最后出现骨质疏松。显然，骨峰值越高，老年时患骨质疏松症的危险性就越小，而骨峰值的高低主要取决于青少年时期摄入钙量是否丰富。这个时期的孩子由于快速的生长发育，能量消耗较大，需补充膳食中的某些营养素，如蛋白质、铁、钙、锌、碘等营养，充足、全面和均衡的摄入是保证青少年正常发育的物质基础。为了保证营养全面，建议青少年的饮食多样化，不要偏食、挑食，均衡摄入营养。

青少年儿童

杏仁苹果粥

材 料：大米 200 克，杏仁 15 克，苹果半个，枸杞子 20 克。

做 法：

1. 大米、杏仁、枸杞子分别洗净，备用；苹果洗净、切成小块。
2. 砂锅内加入适量的水，大火烧开。
3. 水烧开后，将准备好的大米、杏仁、苹果一同放入锅内，中火熬 20 分钟左右，将枸杞子放入，继续煮 20 分钟即可。

功效：此粥味道香甜、营养丰富。

牛奶水果粥

材料：大米150克，小米100克，红豆、红枣、莲心各50克，苹果1个，香蕉2根，牛奶200毫升，白糖适量。

做法：

1. 大米、小米、红豆、红枣、莲心分别洗净；苹果洗净、去皮、去核，切成小方块；香蕉剥去皮，切成小段。

2. 锅置火上，加入适量清水，放入红枣、大米、小米、红豆、莲心，再将牛奶倒入锅中，大火烧开，小火熬粥。

3. 待粥将成时，将水果块、白糖放入锅中，搅匀，待再次煮开，即可食用。

功效：此粥奶味浓香，味道甘甜，含有维生素C、钙等多种营养物质。

南瓜鸡肉粥

材料：鸡腿肉150克，南瓜100克，油葱酥1勺，香菇3朵，白饭1碗，葱1根，香油、盐、胡椒粉、食用油各适量。

做法：

1. 南瓜、洋葱、葱洗净，切丁；香菇泡软后切条；鸡腿肉切丁，备用。

2. 炒锅置火上，烧热后，加一大匙油，爆香香菇和洋葱。

3. 放入鸡肉，炒至变色时，倒入适量的水和白饭煮开后，放入南瓜以小火煮5分钟，再加入盐、葱花、油葱酥、香油和胡椒粉拌匀调味，即可食用。

功效：南瓜富含蛋白质和丰富的维生素，鸡肉富含优质蛋白和身体必需的氨基酸，此粥有利于青少年的健康成长。

菊花枸杞子猪肝粥

材料：大米100克，白菊花3朵，枸杞子20克，猪肝50克，调料适量。

做法：

① 将大米和枸杞子分别洗净，将菊花去蒂、洗净，猪肝处理干净、切片。

② 先将菊花、枸杞子与大米一同入锅煮粥，待粥将成时加入猪肝稍煮数沸，猪肝刚熟，加入调料调味即成。

功效：此粥具有清肝养血、滋阴明目的功效，可用于假性近视、夜视不明等症的食疗。

柴鱼花生粥

材料：大米200克，带衣花生米50克，柴鱼干3条，姜1大块。

做法：

① 大米淘洗干净，用2勺油、3茶匙盐，以及少许水腌泡半小时以上；柴鱼干用水泡软，撕碎，备用；花生米冲洗干净；姜拍扁，切成几个小块。

② 用砂锅烧一大锅水，把腌制的大米、柴鱼干、花生、姜全部放入沸水中，大火煮20分钟，然后转为小火熬1小时左右，即可食用。

功效：此粥有去火、利尿止血的功效，而且营养含量高、易消化，适宜正在发育期的青少年食用。

鸡蛋木耳粥

材料：大米 150 克，鸡蛋 2 个，泡发木耳 80 克，高汤 800 毫升，绿豆芽 25 克，菠菜 25 克，虾皮 15 克，姜、盐适量。

做法：

1. 鸡蛋打散，放入少许盐，摊成蛋皮，切丝；木耳择洗干净，撕成小朵；绿豆、菠菜分别洗净，菠菜切小段；大米淘洗干净；姜切成末。

2. 锅置火上，放入洗好的大米，倒入适量清水，熬成粥，盛出备用。

3. 将高汤倒入锅中，大火烧沸，然后放入稀粥、蛋皮丝、黑木耳、银芽、海米、菠菜段等食材，煮沸离火，即可食用。

功效：此粥有益气养血之效，可防治缺铁性贫血。

蛋花牛肉粥

材料：大米 100 克，牛肉 150 克，鸡蛋 1 个，淀粉、精盐、胡椒粉各适量。

做法：

1. 鸡蛋打散成蛋液备用；牛肉洗净，切片，再与少许精盐、胡椒粉、淀粉拌匀，腌 10 分钟；大米洗净、加少许油拌匀。

2. 将米冷水入锅，大火煮开，放入牛肉片，煮开后再煮 2 分钟。

3. 将蛋液淋在粥上，顺同一个方向搅开即可。

功效：此粥咸鲜味美、清爽可口、健脑益智。

适宜吃的食物

番茄、苹果、大枣、猕猴桃、芦笋、草莓等含维生素 C 丰富的食物；动物肝脏、南瓜、胡萝卜等含维生素 A 丰富的食物；鸡蛋、牛奶等含蛋白质丰富的食物。

不宜吃的食物

茶、咖啡、饮料、罐头食品、油炸食品、肥腻辛辣食物等。

孕产妇养生重点

孕期是每位女性一生中神奇而重要的时期，每一天的改变都会使她们体会到孕育生命的快乐和责任。这一阶段，孕妇不但要保证自己的身体代谢营养需要，还要供给腹中的胎儿营养，更要为分娩和哺乳做好准备。做了妈妈后，要保证奶水充足，健康喂养宝宝，同样要注意饮食营养的摄入。因此，合理膳食、全面补充营养，在这一阶段显得尤为重要。

◎孕产妇日常养生之道◎

孕期及产后的心理健康越来越为人们所重视，除了感受孕育生命的神奇与伟大之外，由于多方面因素，孕产妇都可能产生一些负面情绪，如抑郁。为此，孕产妇要培养自己积极乐观的心态，可以在身体允许的情况下做一些适度的、缓和的运动，也通过听听音乐、看看画面优美的电影、多和朋友家人聊聊天等方式，调节自己的心情。

香菇猪肉粥

材料：大米 50 克，香菇、猪肉各 100 克，葱白、生姜、盐、味精、香油各适量。

做法：

1. 香菇泡发、洗净，对半切开；猪肉洗净，切丝，用盐、淀粉腌 20 分钟；大米淘净，备用。

2. 将米放入锅中，加入适量清水，大火烧开，改中火，放入猪肉、香菇、生姜、葱白，煮至猪肉变熟。

3. 粥将熟时，加入盐、味精，淋上香油调味，即可食用。

功效：此粥具有调节人体新陈代谢、清热解毒、行气活血的作用。

桑葚枸杞子粥

材料：糯米 150 克，桑葚 15 克，枸杞子 15 克，红糖适量。

做法：

① 桑葚洗净，入烤箱烘干，研成粉状；枸杞子洗净，置清水中浸发 15 分钟；糯米淘净。

② 砂锅内加水适量，放入淘洗好的糯米，大火煮至七成熟时，放入桑葚粉和枸杞子，改为小火熬成粥状，调入红糖，即可食用。

功效：此粥可滋阴养血、益精明目。

芝麻山药粥

材料：大米 100 克，山药 50 克，黑芝麻 20 克。

做法：

① 将大米淘洗干净、沥干水分；山药削皮、切成小段。② 在锅中倒入适量的清水，将准备好的三样食材一起放入锅内，熬成稠粥，即可食用。

功效：此粥有补益肝肾，乌发生发的功效。

豆腐皮粥

材料：豆腐皮 50 克，大米 100 克，冰糖适量。

做法：

① 豆腐皮放入清水中漂洗干净，切成丝；大米淘洗干净。② 大米入锅，加清水适量，先用大火煮沸后，改用小煮至粥将成，加入豆腐皮、冰糖煮至粥成。

功效：此粥有益气通便、保胎顺产、滑胎催生的作用。

适宜吃的食物

中老年人适宜吃些新鲜的瓜果蔬菜、胡桃、松子、柏子仁、腰果、何首乌、肉苁蓉、百合、金针、鸡肉及鸭肉等食物。还可以多吃一些含蛋白质、维生素、钙的食物，尤其含维生素 A、维生素 B_2、维生素 C 的食物，如新鲜的蔬菜、水果、米、面、豆类及动物的肝脏和鸡蛋等。此外，多吃一些含维生素 E 的食物，可以减少面部皮肤细胞的色素沉着，保持皮肤的润滑，减缓衰老。

不宜吃的食物

酒类、咖啡、浓茶对皮肤有刺激作用，应限制用量。

中老年人养生重点

步入中老年，人有许多的生理功能都有明显退化的现象，此时就要以补脾益肾、补脑益气为主，预防各种疾病的发生，同时提高免疫力，避免过度劳累。到中年后感觉人生好像进入了一个不断失去的过程，健康的退化、子女的成家、婚姻的冷漠、时代的变迁，面对生活、家庭及社会上接踵而来的压力，无论精神或情绪都处于高度紧张的状态下，这些使得中老年人心情长期处于郁闷状态，同时也影响了健康。所以说，中老年人的养生重点除了保证身体健康以外，还要有个良好的心态。

◎中老年人日常养生之道◎

随着生活水平的不断改善，人们的健身意识也越来越强，健身的方式和概念也越来越宽广。尤其在步入中老年后，要特别注重对身心的锻炼。适合中老年人的锻炼方法有很多，例如太极、武术、相声、音乐、舞蹈、书法、养花等，锻炼方式的全面化也可以帮助中老年人同时进行身体、心理、精神的全方位的锻炼。除了锻炼方式以外，适度的心理调适同样重要。中老年，尤其是老年人在心境上最主要的就是戒之在得，对于成败得失不要看得太重，才能活得自信自在，活出尊严与健康。

豆浆大米粥

材 料：大米 100 克，豆浆 1000 毫升，白砂糖适量。

做 法：

1. 大米清洗干净。
2. 将豆浆和洗好的大米一同放入锅内，煮成粥。
3. 食用时，依据个人口味，加入适量的白糖。

功效：此粥具有调和脾胃、清热润燥的作用。

鱼蓉油条粥

材料：草鱼1条，油条半根，香菜、蒜、姜适量，花生米120克，煮好的大米粥3碗，植物油、食盐、鸡精、白胡椒粉、黄酒各适量。

做法：

1. 将草鱼处理干净，清洗一下，冷水下入锅中，放入一大匙黄酒，开大火煮至水滚，捞出。

2. 用筷子将鱼拨出来，仅挑出白色的鱼肉，放入碗中用手抓碎。

3. 准备好的大米粥和姜丝一同放入锅中，煮滚3分钟。

4. 熄火，把刚做好的鱼蓉放入粥内，搅拌均匀，放入盐、鸡精、白胡椒粉调味。

5. 要吃的时候，在碗中撒上油炸的花生米、香葱、香菜、油条即可。

> **功效**：此粥口感细腻，易于消化，适合老年人食用。

海参肉皮粥

材 料：大米 150 克，猪肉皮 80 克，水发海参 1 个，食盐、味精各适量。

做 法：

1. 将以上三种食材分别清洗干净，海参切片，肉皮切成小丁。

2. 将大米、海参片、猪肉皮丁一同放入锅中，加水适量，煮烂成粥，加入适量的食盐和味精调味即可。

> **功效**：此粥具有补肾益精、养血润燥的功效，适于中老年人的滋补保健。

桂圆粟米粥

材 料：大米 150 克，桂圆 15 克，冰糖适量。

做 法：

1. 将桂圆和大米分别洗净，桂圆对半切开，一同放入锅中加水适量，熬煮成粥。

2. 加入适量的冰糖，煮至其溶化，即可盛碗食用。

> **功效**：桂圆肉性味甘温，能补益心脾、养血安神，适合中老年人食用。

桑葚枸杞子红枣粥

材料：大米100克，小米50克，桑葚10克，枸杞子5克，红枣5枚。

做法：

1. 将枸杞子、桑葚洗净；红枣洗净、去核、对半切开；大米和小米淘洗好，浸水备用。
2. 将材料都放入锅中一起煮，熟后用糖调味即可。

功效：此粥可补肝肾、健脾胃、消除眼部疲劳、增强体质。

龙眼银耳大枣粥

材料：大米100克，龙眼肉10克，银耳10克，红枣5枚，冰糖适量。

做法：

1. 将大米、龙眼肉、银耳洗净；红枣洗净、去核、对半切开。
2. 锅置火上，将以上食材一同放入锅内，大火煮开后，改为小火熬煮成粥。
3. 加入适量冰糖，煮至溶化，即可关火，准备食用。

功效：此粥可调理中老年人易出现的体质虚弱、口燥咽干、失眠多梦等症状。

豆腐蛋黄粥

材料：煮好的大米粥1碗，豆腐1小块，煮熟的鸡蛋黄1个。

做法：

1. 将豆腐和蛋黄分别压成泥状。
2. 将准备好的大米粥放入锅中，加上豆腐泥，煮开。
3. 撒下蛋黄，用勺搅匀，待粥再开，即可食用。

功效：此粥有利于防治老年痴呆症。

燕麦黑芝麻枸杞子粥

材料：大米 100 克，枸杞子 6 克，燕麦 50 克，黑芝麻 10 克，红糖适量。

做法：

1. 大米洗净、浸泡 20 分钟左右；燕麦另用容器浸泡；枸杞子洗净。

2. 将洗净的枸杞子和大米一起放入锅内，加入适量的水，熬煮成粥。

3. 煮好后加入燕麦再煮 3 分钟，加入炒香的黑芝麻与红糖拌匀，即可食用。

> **功效**：此粥可补肝益肾、益气养血、补虚生肌、强壮筋骨、健脑长寿。

猪骨菜心粥

材料：大米 100 克，猪骨 200 克，青菜适量，粗盐适量。

做法：

1. 猪骨洗净、沥干水分，用少许粗盐腌一夜；大米洗净、捣成碎米；青菜洗净，取其菜心切成细丝。

2. 炒锅烧热，倒入适量花生油，把事先腌制好的咸猪骨倒入锅中不停翻炒 5 分钟左右，炒至表面略焦。

3. 把捣好的碎米倒入煲粥的砂锅内，加入适量的清水，大火烧开。

4. 粥水烧滚后，把炒好的咸猪骨连同炒锅中所剩油汁，全部倒入粥锅内，用小火与粥同煮 45 分钟左右。

5. 粥煮好后，加少许粗盐，并把切好的青菜丝倒入其中，略为搅拌，即可盛出食用。

> **功效**：此粥可补充钙质，预防中老年人骨质疏松症。

女性养生重点

明代著名医学家李时珍认为，女性以血为用，因为女性的月经、胎孕、产育以及哺乳等生理特点皆易耗损血液，所以女性机体相对容易处于血分不足的状态。正如"女性之生，有余于气，不足于血，以其数脱血也"。女性因其生理有周期耗血多的特点，若不善于养血，就容易出现面色萎黄、唇甲苍白、头晕眼花、乏力气急等血虚证。血足皮肤才能红润，面色才有光泽，女性若要追求面容靓丽、身材窈窕，必须重视养血。

◎女性日常养生之道◎

针对女性体质的特点，日常养生除了食物补养外，还要注意保持心情愉快，保持乐观的情绪，这样不仅可以增强机体的免疫力，而且有利于身心健康，同时还能促进骨髓造血功能旺盛起来，使皮肤红润，面有光泽。此外，充足睡眠也有很重要的作用，可以令你有充沛的精力和体力，养成健康的生活方式，不熬夜，不偏食，戒烟限酒，不在月经期或产褥期等特殊生理阶段同房等。

✓ 适宜吃的食物

动物肝脏、肾脏、血、鱼虾、蛋类、豆制品、黑木耳、黑芝麻、红枣、花生以及新鲜的蔬果等食物，多吃些杂粮也有益女性的养生。

✗ 不宜吃的食物

加工过的、油腻的食物，含酒精、咖啡因、尼古丁和糖精的食物。

菠菜瘦肉粥

材料：菠菜5棵，猪瘦肉丝20克，大米100克，姜丝、葱丝、植物油、食盐、味精各适量。

做法：

1. 菠菜择洗干净，切成段；猪瘦肉丝用热水洗干净、沥干水分；大米淘洗干净。

2. 将猪瘦肉丝放入油锅内煸炒一下，盛出备用。

3. 大米冷水入锅，大火煮开后改为小火煮至米软烂，加入煸炒好的肉丝。

4. 肉丝煮熟后放入准备好的葱丝、姜丝、菠菜段和适量调料，即可食用。

功效：菠菜和瘦肉都是补血的佳品，两者搭配做粥可达到养血补血的功效。

大枣生姜粥

材料：大枣8枚，生姜6克，大米100克。

做法：

1. 大枣去核、洗净对半切开；生姜洗净、切成薄片；大米洗净、沥干水分。

2. 锅置火上，加入适量的水，将大米放入，搅拌均匀。

3. 放入大枣和生姜，小火煮成粥，即可食用。

功效：此粥具有温胃散寒、温肺化痰的作用。

麦仁胡萝卜粥

材料：麦仁80克，胡萝卜适量，枸杞子10颗。

做法：

1. 胡萝卜洗净、切成小块；麦仁洗净。

2. 锅置火上，加入适量的水，同时放入准备好的麦仁和胡萝卜块，小火烧开。

3. 将枸杞子洗好，放入即将成粥的锅内，稍加搅拌，再煮10分钟左右，即可食用。

功效：此粥营养丰富，包含矿物质、纤维素等多种营养成分，具有清心明目的功效。

小米红糖粥

材料: 小米 150 克，红糖 20 克。

做法:

① 将小米淘洗干净，沥干水分，备用。② 将小米放入锅中，加入足量的水。③ 大火烧开后，改为小火，煮至粥黏稠，根据口味，放入适量的红糖搅匀，即可食用。

功效: 此粥具有益气养神、活血化瘀、气血双补、美容养颜的功效。

水果什锦粥

材料: 大米 150 克，苹果、橘子、菠萝、梨、香蕉各 30 克，樱桃 5 颗，白糖适量。

做法:

① 将大米淘洗干净，备用；除樱桃外，其他切成小方块，备用。② 将大米放入锅内，加入适量清水，大火煮至米开花、粥黏稠时，加入白糖调味，离火。③ 将橘瓣、菠萝块、梨块、苹果块、香蕉块一起放入锅内，稍加搅拌即可出锅。④ 盛在碗中后，可放几颗樱桃装饰。

功效: 此粥可补充人体所需要的维生素。

猪肉紫菜粥

材料: 大米 100 克，猪肉 30 克，紫菜 20 克，精盐、味精、胡椒粉、葱花各适量。

做法:

① 将紫菜和大米分别洗净；猪肉洗净、切成肉末。② 将大米放入锅中，加清水大火煮至米粒开花。③ 改为小火，加入猪肉末、紫菜和精盐、味精、葱花等，稍煮片刻，根据个人口味，加一些胡椒粉，即可食用。

功效: 此粥具有清热解毒、润肺化痰、软坚散结、降低血压的功效。

男性养生重点

男性的养生重点在于对前列腺的保养，因其对温度十分敏感，寒冷刺激可使盆底肌肉痉挛，诱发前列腺炎。另一方面，睾丸怕热，当温度高于35摄氏度时，会降低精子质量，进而影响人的生殖功能。也正因如此，广大男性须注意，冬天在户外散步、锻炼时，最好随身带一块坐垫，不要随意坐在冰冷的地方，以免有害健康。另外，为了保养前列腺和睾丸，桑拿房、淋浴室这种热地方，男性也最好少去。在饮食方面，要注意平衡膳食，荤素搭配。

◎男性日常养生之道◎

男性养生除了日常补养和注意事项以外，还要适度运动，保持好体力，走路、游泳、爬楼梯、打网球都是最适合男人的好运动。同时，还要好好调适自我、规划人生，才能够把最好的自己献给另一半。此外，为了自己的性福生活，还要戒绝烟酒，定期体检，与医师密切合作。

✓ 适宜吃的食物

从我国传统中医角度来说，下列食物对于男性壮阳增寿很有帮助：虾、蟹、鱼、豆制品、芝麻、花生、菜油、乳类、蛋类、牡蛎、牛肉、羊肉、韭菜、荔枝等。

✕ 不宜吃的食物

肥肉、高脂牛奶、黄豆、精面粉、莲子、冬瓜、菱角、油炸食物等。

淡菜松花蛋粥

材 料：大米200克，淡菜100克，松花蛋一个。

做 法：

1. 将淡菜用温水浸泡2小时，放入沸水锅内焯一下捞出，掰去中间的黑心，切成菜末，备用；松花蛋切成小块，备用；大米淘洗干净，备用。

2. 将大米和淡菜末一同放入锅中，加水适量煮成稠粥，熟后加入松花蛋即成。

功效：此粥有补肝肾、益精血、平肝明目等功效，可用于高血压、动脉硬化、肾虚阳痿诸症。

胡椒鸡肉粥

材料：大米 150 克，鸡肉 100 克，胡椒粉 15 克，绍酒 15 克，葱、姜、精盐、味精各适量。

做法：

1. 鸡肉洗净，切碎；大米淘洗干净；姜切片；葱切小段。2. 将以上准备好的几样食材连同绍酒一同放入铝锅内，加入适量的水。3. 大火烧开后，改为小火继续煮 40 分钟左右，放入精盐、味精、胡椒粉稍加搅拌，即可食用。

功效：此粥具有温胃、散寒、止痛、补肾壮阳的功效。

韭菜羊肉粥

材料：大米 50 克，韭菜 100 克，羊肉 50 克，枸杞子 20 克。

做法：

1. 羊肉、韭菜洗净、切碎；大米淘洗干净、备用。2. 将羊肉、枸杞子、大米一同放锅内，加水适量，小火成粥。3. 待粥将熟时，放入韭菜多搅拌几次，煮 3 分钟即可食用。

功效：韭菜和羊肉都是补肾壮阳的食物，两者一同食用，效果加倍。

荔枝山药莲子粥

材料：荔枝肉 100 克，山药 30 克，莲子 15 克，大米 100 克，冰糖适量。

做法：

1. 大米淘洗干净、备用；荔枝肉切丁；山药去皮切丁；莲子去皮、去心。2. 锅置火上，加入适量的水，将大米与莲子一同放入，大火煮至将熟。3. 加入山药丁、荔枝肉丁，再次煮开后，加入适量冰糖，煮至冰糖溶化，即可食用。

功效：此粥有补脾补血的功效。

生姜羊肉粥

材 料：大米 150 克，生姜 10 克，羊肉 100 克，盐、鸡精、胡椒粉各适量。

做 法：

① 大米用清水洗净；生姜去皮，切成小颗粒状；羊肉洗净，切成小片。

② 在砂锅内加入适量的清水，大火煮沸，加入大米，改为小火煮约 25 分钟。

③ 加入切好的生姜和羊肉片，以及适量的盐、胡椒粉、鸡精等调味品，继续用小火煮约 35 分钟，即可出锅食用。

功效：羊肉补血温阳，生姜止痛祛风湿，相互搭配，生姜可祛羊肉的腥膻味，帮助羊肉发挥温阳祛寒的功效。

鸭肉海参粥

材料：大米 200 克，水发海参 200 克，鸭脯肉 200 克，葱花 10 克，食盐、猪油各适量。

做法：

1. 将大米用清水洗净；海参洗净、切成小丁；用沸水将鸭脯肉稍余捞出，切成丁。

2. 锅置火上，将洗好的大米、海参丁、鸭脯肉丁一起放入锅中，加适量清水，煮至粥成。

3. 粥成后，加入盐、葱花、猪油调味，即可食用。

功效：此粥可补虚养身，全方组合既保健，又能防疾疗病。

羊肾粥

材料：大米 100 克，羊肾 1 对，砂仁 5 克，草果 10 克，陈皮 8 克，盐、葱等调料适量。

做法：

1. 大米洗净；羊肾去油膜、臊腺，切块；用一块干净的纱布将草果、陈皮、砂仁包起来，制成一个简易的调味包。

2. 将处理好的羊肾洗净和调味包一起放入砂锅内，加入适量水，煮 50 分钟后取出纱包。

3. 放入米及调料，煮至米烂食用。

功效：此粥可补肾强腰、健脾去寒。

第 6 章
防治疾病强身粥

随着人们饮食生活的不断丰富，粥的做法、种类、风味、口感也不断多样化，营养价值也日渐丰富。恰当地喝粥，可以在一定程度上起到滋补身体、增强体质、预防疾病的作用。粥不仅自身营养丰富，更是其他营养食物的绝佳搭档。任何食物与粥为伍，都会变得亲切温暖，让人百食不厌。中国的粥不仅能饱腹，而且能治病防病，强身健体。

降 糖

▌萝卜干肉末粥

材 料：萝卜干60克，猪肉100克，大米60克，盐3克，味精1克，姜末5克，葱花少许。

做 法：

1. 萝卜干洗净，切段；猪肉洗净，剁粒；大米洗净。2. 锅中注水，放入大米、萝卜干烧开，改中火，下入姜末、猪肉粒，煮至猪肉熟。3. 改小火熬至粥浓稠，下入盐、味精调味，撒上葱花即可。

适合人群：老年人

▌生姜猪肚粥

材 料：猪肚120克，大米80克，生姜30克，盐、味精、料酒、葱花、香油适量。

做 法：

1. 生姜去皮，切末；大米浸泡半小时；猪肚洗净，切条，用盐、料酒腌制。2. 锅中注水，放大米，中火烧沸，下腌好的猪肚、姜末。3. 小火熬至粥浓稠，加盐、味精调味，滴入香油，撒上葱花即可。

适合人群：女性

▌冬瓜银杏姜粥

材 料：冬瓜25克，银杏20克，大米100克，高汤半碗，盐、胡椒粉、姜末、葱适量。

做 法：

1. 银杏去壳、皮，洗净；冬瓜去皮洗净，切块；大米洗净，泡发；葱洗净，切花。2. 锅中加水，放大米、银杏，旺火煮至米粒完全开花。3. 放入冬瓜、姜末，倒入高汤，小火煮至粥成，调入盐、胡椒粉入味，撒上葱花即可。

适合人群：男性

南瓜菠菜粥

材 料：南瓜、菠菜、豌豆各 50 克，大米 90 克，盐 3 克，味精少许。

做 法：

①南瓜去皮洗净，切丁；豌豆洗净；菠菜洗净，切成小段；大米泡发洗净。②锅置火上，注入适量清水后，放入大米用大火煮至米粒绽开。再放入南瓜、豌豆，改用小火煮至粥浓稠，最后下入菠菜再煮 3 分钟，调入盐、味精搅匀入味即可。

适合人群：女性

南瓜山药粥

材 料：南瓜、山药各 30 克，大米 90 克，盐 2 克。

做 法：

①大米洗净，泡发 1 小时备用；山药、南瓜去皮洗净，切块。②锅置火上，注入清水，放入大米，开大火煮沸。③再放入山药、南瓜煮至米粒绽开，改用小火煮至粥成，加盐入味即可。

适合人群：老年人

南瓜木耳粥

材 料：黑木耳 15 克，南瓜 20 克，糯米 100 克，盐 3 克，葱少许。

做 法：

①糯米洗净，浸泡半小时后捞出沥干水分；黑木耳泡发洗净，切丝；南瓜去皮洗净，切成小块；葱洗净，切花。②锅置火上，注入清水，放入糯米、南瓜，用大火煮至米粒绽开后，再放入黑木耳。③用小火煮至粥成后，加盐搅匀入味，撒上葱花即可。

适合人群：男性

豆豉葱姜粥

材 料：黑豆豉、葱、红辣椒、姜各适量，糙米 100 克，盐 3 克，香油少许。

做 法：

①糙米洗净，泡发半小时；红辣椒、葱洗净，切圈；姜洗净，切丝；黑豆豉洗净。②锅置火上，注入清水后，放入糙米煮至米粒绽开，再放入黑豆豉、红辣椒、姜丝。③用小火煮至粥成，加盐入味，滴入香油，撒上葱花即可食用。

适合人群：男性

高粱胡萝卜粥

材 料：高粱米 80 克，胡萝卜 30 克，盐 3 克，葱 2 克。

做 法：

①高粱米洗净，泡发备用；胡萝卜洗净，切丁；葱洗净，切花。②锅置火上，加入适量清水，放入高粱米煮至开花。③再加入胡萝卜煮至粥黏稠且冒气泡，调入盐，撒上葱花即可。

适合人群：老年人

山药鸡蛋南瓜粥

材 料：山药 30 克，鸡蛋黄 1 个，南瓜 20 克，粳米 90 克，盐 2 克，味精 1 克。

做 法：

①山药去皮洗净，切块；南瓜去皮洗净，切丁；粳米泡发洗净。②锅内注水，放入粳米，用大火煮至米粒绽开，放入鸡蛋黄、南瓜、山药。③改用小火煮至粥成闻见香味时，放入盐、味精调味即成。

适合人群：男性

山药芝麻小米粥

材料：山药、黑芝麻各适量，小米70克，盐2克，葱8克。

做法：

❶ 小米泡发洗净；山药洗净，切丁；黑芝麻洗净；葱洗净，切花。❷ 锅置火上，倒入清水，放入小米、山药煮开。❸ 加入黑芝麻同煮至浓稠状，调入盐拌匀，撒上葱花即可。

适合人群：**女性**

生姜红枣粥

材料：生姜10克，红枣30克，大米100克，盐2克，葱8克。

做法：

❶ 大米泡发洗净，捞出备用；生姜去皮，洗净，切丝；红枣洗净，去核，切成小块；葱洗净，切花。❷ 锅置火上，加入适量清水，放入大米，以大火煮至米粒开花。❸ 再加入生姜、红枣同煮至浓稠，调入盐拌匀，撒上葱花即可。

适合人群：**女性**

生姜辣椒粥

材料：生姜、红辣椒各20克，大米100克，盐3克，葱少许。

做法：

❶ 大米泡发洗净；红辣椒洗净，切圈；生姜洗净，切丝；葱洗净，切花。❷ 锅置火上，注入清水后，放入大米煮至米粒开花，放入辣椒、姜丝。❸ 用小火煮至粥浓稠，调入盐入味，撒上葱花即可食用。

适合人群：**男性**

双菌姜丝粥

材料：茶树菇、金针菇各 15 克，姜丝适量，大米 100 克，盐 2 克，味精 1 克，香油适量，葱少许。

做法：

1. 茶树菇、金针菇泡发洗净；姜丝洗净；大米淘洗干净；葱洗净，切花。2. 锅置火上，注入水后，放入大米用旺火煮至米粒完全绽开。放入茶树菇、金针菇、姜丝，用小火煮至粥成，加入盐、味精、香油调味，撒上葱花即可。

适合人群：老年人

土豆芦荟粥

材料：土豆 30 克，芦荟 10 克，大米 90 克，盐 3 克。

做法：

1. 大米洗净，泡发半小时后捞起沥水；芦荟洗净，切片；土豆去皮洗净，切小块。2. 锅置火上，注水后，放入大米用大火煮至米粒绽开。3. 放入土豆、芦荟，用小火煮至粥成，调入盐入味，即可食用。

适合人群：女性

苹果萝卜牛奶粥

材料：苹果、胡萝卜各 25 克，牛奶 100 克，大米 100 克，白糖 5 克，葱花少许。

做法：

1. 胡萝卜、苹果洗净切小块；大米淘洗干净。2. 锅置火上，注入清水，放入大米煮至八成熟。3. 放入胡萝卜、苹果煮至粥将成，倒入牛奶稍煮，加白糖调匀，撒葱花便可。

适合人群：男性

瘦肉虾米冬笋粥

材料：大米150克，猪肉50克，虾米30克，冬笋20克，盐3克，味精1克，葱花少许。

做法：

① 虾米洗净；猪肉洗净，切丝；冬笋去壳，洗净，切片；大米淘净，浸泡半小时后捞出沥干水分，备用。② 锅中放入大米，加入适量清水，旺火煮开，改中火，下入猪肉、虾米、冬笋，煮至虾米变红。小火慢熬成粥，下入盐、味精调味，撒上葱花即可。

适合人群：男性

枸杞山药瘦肉粥

材料：山药120克，猪肉100克，大米80克，枸杞15克，盐3克，味精1克，葱花5克。

做法：

① 山药洗净，去皮，切块；猪肉洗净，切块；枸杞洗净；大米淘净，泡半小时。② 锅中注水，下入大米、山药、枸杞，大火烧开，改中火，下入猪肉，煮至猪肉变熟。③ 小火将粥熬好，调入盐、味精调味，撒上葱花即可。

适合人群：老年人

猪肝南瓜粥

材料：猪肝100克，南瓜100克，大米80克，葱花、料酒、盐、味精、香油各适量。

做法：

① 南瓜洗净，去皮，切块；猪肝洗净，切片；大米淘净，泡好。② 锅中注水，下大米，旺火烧开，下入南瓜，中火熬煮。③ 待粥快熟时，下入猪肝，加盐、料酒、味精，等猪肝熟透，淋香油，撒上葱花即可。

适合人群：女性

萝卜猪肚粥

材 料：猪肚 100 克，白萝卜 110 克，大米 80 克，葱花、姜末、醋、胡椒粉、味精、盐、料酒、香油各适量。

做 法：

1. 白萝卜洗净，去皮，切块；大米淘净，浸泡半小时；猪肚洗净，切条，用盐、料酒腌渍。 2. 锅中注水，放入大米，旺火烧沸，下入腌好的猪肚、姜末，滴入醋，转中火熬煮。 3. 下入白萝卜，慢熬成粥，再加盐、味精、胡椒粉调味，淋香油，撒上葱花即可。

适合人群：男性

牛肉菠菜粥

材 料：牛肉 80 克，菠菜 30 克，红枣 25 克，大米 120 克，姜丝 3 克，盐 3 克，胡椒粉适量。

做 法：

1. 菠菜洗净，切碎；红枣洗净，去核后，切成小粒；大米淘净，浸泡半小时；牛肉洗净，切片。 2. 锅中加适量清水，下入大米、红枣，大火烧开，下入牛肉，转中火熬煮。下入菠菜熬煮成粥，加盐、胡椒粉调味即可。

适合人群：男性

羊肉生姜粥

材 料：羊肉 100 克，生姜 10 克，大米 80 克，葱花 3 克，盐 2 克，鸡精 1 克，胡椒粉适量。

做 法：

1. 生姜洗净，去皮，切丝；羊肉洗净，切片；大米淘净，备用。 2. 大米入锅，加适量清水，旺火煮沸，下入羊肉、姜丝，转中火熬煮至米粒开花。 3. 改小火，待粥熬出香味，调入盐、鸡精、胡椒粉调味，撒入葱花即可。

适合人群：男性

火腿泥鳅粥

材 料：大米 80 克，泥鳅 50 克，火腿 20 克，盐 3 克，料酒、胡椒粉、香油、香菜适量。

做 法：

① 大米淘洗干净，入清水浸泡；泥鳅洗净后切小段；火腿洗净，切片；香菜洗净切碎。

② 油锅烧热，放入泥鳅段翻炒，烹入料酒、加盐，炒熟后盛出。锅置火上，注入清水，放入大米煮至五成熟；放入泥鳅段、火腿煮至米粒开花，加盐、胡椒粉、香油调匀，撒上香菜即可。

适合人群：男性

香葱虾米粥

材 料：包菜叶、小虾米各 20 克，大米 100 克，盐 3 克，味精 2 克，葱花、香油各适量。

做 法：

① 大米洗净，放入清水中浸泡；小虾米洗净；包菜叶洗净切细丝。② 锅置火上，注入清水，放入大米煮至七成熟。③ 放入虾米煮至米粒开花，放入包菜叶稍煮，加盐、味精、香油调匀，撒葱花即可。

适合人群：老年人

大米高良姜粥

材 料：大米 110 克，高良姜 15 克，盐 3 克，葱少许。

做 法：

① 大米泡发洗净；高良姜润透，洗净，切片；葱洗净，切花。② 锅置火上，注水后，放入大米、高良姜，用旺火煮至米粒开花。

③ 改用小火熬至粥成，放入盐调味，撒上葱花即成。

适合人群：女性

党参百合冰糖粥

材 料: 党参、百合各 20 克，大米 100 克，冰糖 8 克。

做 法:

①党参洗净，切成小段；百合洗净；大米洗净，泡发。②锅置火上，注水后，放入大米，用大火煮至米粒开花。③放入党参、百合，用小火煮至粥成闻见香味时，放入冰糖调味即可。

适合人群: 老年人

肉桂米粥

材 料: 肉桂适量，大米 100 克，白糖 3 克，葱花适量。

做 法:

①大米泡发半小时后捞出沥干水分，备用；肉桂洗净，加水煮好，取汁待用。②锅置火上，加入适量清水，放入大米，以大火煮开，再倒入肉桂汁。③以小火煮至浓稠状，调入白糖拌匀，再撒上葱花即可。

适合人群: 男性

莲子山药粥

材 料: 玉米 10 克，莲子 13 克，山药 20 克，粳米 80 克，盐 3 克，葱少许。

做 法:

①粳米、莲子泡发洗净；玉米洗净；山药去皮洗净，切块；葱洗净，切花。②锅置火上，注水后，放入粳米用大火煮至米粒开花，放入玉米、莲子、山药同煮。③用小火煮至粥成，调入盐入味，撒上葱花即可食用。

适合人群: 女性

竹叶地黄粥

材 料：竹叶、生地黄各适量，枸杞10克，大米100克，香菜少量，盐2克。

做 法：

1. 大米泡发洗净；竹叶、生地黄均洗净，加适量清水熬煮，滤出渣叶，取汁待用；枸杞洗净备用。2. 锅置火上，加入适量清水，放入大米，以大火煮开，再倒入已经熬煮好的汁液、枸杞。以小火煮至粥呈浓稠状，调入盐拌匀，放入香菜即可。

适合人群：女性

洋参红枣玉米粥

材 料：大米100克，西洋参、红枣、玉米各20克，盐3克，葱少许。

做 法：

1. 西洋参洗净，切段；红枣去核洗净，切开；玉米洗净；葱洗净，切花。2. 锅注水烧沸，放大米、玉米、红枣、西洋参，用大火煮至米粒绽开。3. 用小火煮至粥浓稠闻见香味时，放入盐调味，撒上少许葱花即成。

适合人群：老年人

陈皮蚌肉粥

材 料：粳米100克，蚌肉50克，皮蛋1个，陈皮6克，姜末、葱末各3克，盐2克，冷水1000毫升。

做 法：

1. 陈皮烘干，研成细粉。2. 蚌肉洗净，剁成颗粒；皮蛋去皮，剁成颗粒。3. 粳米淘洗干净，冷水浸泡半小时。4. 锅中加水和粳米，旺火烧沸加入皮蛋粒、蚌肉粒，小火熬煮。5. 待粳米软烂时，加姜末、葱末、盐调味即可。

适合人群：老年人

豌豆绿豆粥

材 料: 粳米 100 克, 豌豆粒、绿豆各 50 克, 白糖 20 克, 冷水 1500 毫升。

做 法:

1. 绿豆、粳米淘洗干净, 分别用冷水浸泡发胀, 捞出, 沥干水分。2. 豌豆粒洗净, 焯水烫透备用。3. 锅中加入约 1500 毫升冷水, 先将绿豆放入, 用旺火煮沸后, 加入豌豆和粳米, 改用小火慢煮。4. 待粥将成时下入白糖, 搅拌均匀, 再稍焖片刻, 即可盛起食用。

适合人群: 老年人

桃花粥

材 料: 粳米 100 克, 桃花 5 朵, 蜂蜜 20 克, 冷水 1000 毫升。

做 法:

1. 桃花择洗干净, 晾干研末。2. 粳米洗净, 用冷水浸泡半小时, 捞出, 沥干水分。3. 锅中加入约 1000 毫升冷水, 将粳米放入, 先用旺火烧沸, 搅拌几下, 改用小火熬煮成粥, 然后加入桃花末、蜂蜜, 略煮片刻, 即可盛起食用。

适合人群: 老年人

猪肉玉米粥

材 料: 玉米 50 克, 猪肉 100 克, 枸杞适量, 大米 80 克, 盐 3 克, 味精 1 克, 葱少许。

做 法:

1. 玉米拣尽杂质, 用清水浸泡; 猪肉洗净切丝; 枸杞洗净; 大米淘净泡好; 葱洗净切花。2. 锅中注水, 下入大米和玉米煮开, 改中火, 放入猪肉、枸杞, 煮至猪肉变熟。3. 小火将粥熬化, 调入盐、味精调味, 撒上葱花即可。

适合人群: 男性

降压降脂

猪肺毛豆粥

材料：猪肺45克，毛豆30克，胡萝卜适量，大米80克，姜丝、盐、鸡精、香油适量。

做法：

1. 胡萝卜洗净，切丁；猪肺洗净，切块，沸水余烫；大米淘净，浸泡半小时。2. 锅中放水，下大米，煮沸下毛豆、胡萝卜、姜丝，改中火煮至米粒开花。下入猪肺，转小火熬煮成粥，加盐、鸡精调味，淋香油即可。

适合人群：老年人

鸡肉香菇干贝粥

材料：熟鸡肉150克，香菇60克，干贝50克，大米80克，盐3克，香菜段适量。

做法：

1. 香菇泡发，切片；干贝泡发，撕细丝；大米淘净，浸泡半小时；熟鸡肉撕细丝。2. 大米放入锅中，加水烧沸，下干贝、香菇，转中火熬煮至米粒开花。3. 下入熟鸡肉丝，改小火稍焖，加盐调味，撒入香菜段即可。

适合人群：男性

鸡蛋洋葱粥

材料：鸡蛋1个，洋葱30克，大米100克，盐3克，香油、胡椒粉、葱花适量。

做法：

1. 大米淘洗干净，用清水浸泡；洋葱洗净切丝；鸡蛋煮熟后切碎。2. 锅置火上，注入清水，放入大米煮至八成熟。3. 放入洋葱、鸡蛋煮至粥浓稠，加盐、香油、胡椒粉调匀，撒上葱花即可。

适合人群：男性

燕麦核桃仁粥

材料: 燕麦50克, 核桃仁、玉米粒、鲜奶各适量, 白糖3克。

做法:

1. 燕麦泡发洗净。2. 锅置火上, 倒入鲜奶, 放入燕麦煮开。3. 加入核桃仁、玉米粒同煮至浓稠状, 调入白糖拌匀即可。

适合人群: 男性

香菇枸杞养生粥

材料: 糯米80克, 水发香菇20克, 枸杞10克, 红枣20克, 盐2克。

做法:

1. 糯米泡发洗净, 浸泡半小时后捞出沥干水分; 香菇洗净, 切丝; 枸杞洗净; 红枣洗净, 去核, 切片。2. 锅置火上, 放入糯米、枸杞、红枣、香菇, 倒入清水煮至米粒开花。3. 再转小火, 待粥至浓稠状时, 调入盐拌匀即可。

适合人群: 老年人

雪里蕻红枣粥

材料: 雪里蕻10克, 干红枣30克, 糯米100克, 白糖5克。

做法:

1. 糯米淘洗干净, 清水浸泡; 干红枣泡发后洗净; 雪里蕻洗净后切丝。2. 锅置火上, 放入糯米, 加适量清水煮至五成熟。3. 放入红枣煮至米粒开花, 放入雪里蕻、白糖稍煮, 调匀后即可。

适合人群: 男性

芋头芝麻粥

材 料：大米60克，鲜芋头20克，黑芝麻、玉米糁各适量，白糖5克。

做 法：

1. 大米洗净，泡发半小时后，捞起沥干水分；芋头去皮洗净，切成小块。 2. 锅置火上，注入清水，放入大米、玉米糁、芋头用大火煮至熟后。 3. 再放入黑芝麻，改用小火煮至粥成，调入白糖即可食用。

适合人群：男性

桂圆核桃青菜粥

材 料：大米100克，桂圆肉、核桃仁各20克，青菜10克，白糖5克。

做 法：

1. 大米淘洗干净，放入清水中浸泡；青菜洗净，切成细丝。 2. 锅置火上，放入大米，加适量清水煮至八成熟。 3. 放入桂圆肉、核桃仁煮至米粒开花，放入青菜稍煮，加白糖稍煮调匀即可。

适合人群：女性

瘦肉西红柿粥

材 料：西红柿100克，猪瘦肉100克，大米80克，盐3克，味精1克，葱花、香油少许。

做 法：

1. 西红柿洗净，切成小块；猪瘦肉洗净切丝；大米淘净，泡半小时。 2. 锅中放入大米，加适量清水，大火烧开，改用中火，下入猪瘦肉丝，煮至猪肉变熟。 3. 改小火，放入西红柿，慢煮成粥，下入盐、味精调味，淋上香油，撒上葱花即可。

适合人群：男性

苦瓜西红柿瘦肉粥

材料：大米、苦瓜各80克，猪瘦肉100克，芹菜30克，西红柿50克，盐3克，鸡精1克。

做法：

1. 苦瓜洗净，去瓤，切片；猪瘦肉洗净，切块；芹菜洗净，切段；西红柿洗净，切小块；大米淘净。2. 锅中注水，放入大米以旺火煮开，加入猪瘦肉、苦瓜，煮至猪瘦肉变熟。3. 改小火，放入西红柿和芹菜，待大米熬至浓稠时，调味即可。

适合人群：女性

玉米火腿粥

材料：玉米粒30克，火腿100克，大米50克，葱花、姜丝各3克，盐2克，胡椒粉3克。

做法：

1. 火腿去皮，洗净，切丁；玉米拣尽杂质，淘净，浸泡1小时；大米淘净，用冷水浸泡半小时后，捞出沥干水分。2. 大米下锅，加适量清水，大火煮沸，下入火腿、玉米、姜丝，转中火熬煮至米粒开花。改小火，熬至粥浓稠，调入盐、胡椒粉调味，撒上葱花即可。

适合人群：老年人

皮蛋火腿鸡肉粥

材料：大米80克，鸡肉120克，皮蛋2个，火腿60克，料酒、盐、味精、葱花适量。

做法：

1. 大米淘净，泡好；鸡肉洗净，切丁，用料酒腌渍；皮蛋去壳，切丁；火腿剥去肠衣，切块。2. 大米放入锅中，加适量清水大火烧沸，下入腌好的鸡肉，转中火熬煮至米粒软散。3. 下入皮蛋、火腿，慢火熬至粥浓稠，加盐、味精调味，撒入葱花即可。

适合人群：男性

鹌鹑瘦肉粥

材料：鹌鹑 3 只，猪瘦肉 100 克，大米 80 克，料酒 5 克，盐 3 克，味精 2 克，姜丝 4 克，胡椒粉 3 克，香油、葱花适量。

做法：

1. 鹌鹑洗净，切块，入沸水余烫；猪瘦肉洗净，切小块；大米淘净，泡好。2. 锅中放入鹌鹑、大米、姜丝、猪瘦肉块，注入沸水，烹入料酒，中火焖煮至米粒开花。3. 转小火熬煮成粥，加盐、味精、胡椒粉调味，淋入香油，撒入葱花即可。

| 适合人群：男性 |

淡菜芹菜鸡蛋粥

材料：大米 80 克，淡菜 50 克，芹菜少许，鸡蛋 1 个，盐 3 克，味精 2 克，香油、胡椒粉、枸杞适量。

做法：

1. 大米洗净，放入清水中浸泡；淡菜用温水泡发；芹菜洗净切碎；鸡蛋煮熟后切碎。2. 锅置火上，注入清水，放入大米煮至五成熟。3. 再放入淡菜、枸杞，煮至米粒开花，放入鸡蛋、芹菜稍煮，加盐、味精、胡椒粉调味便可。

| 适合人群：女性 |

田螺芹菜咸蛋粥

材料：大米 80 克，田螺 30 克，咸鸭蛋 1 个，芹菜少许，盐 2 克，料酒、香油、胡椒粉、葱花适量。

做法：

1. 大米淘洗干净，清水浸泡；田螺钳去尾部，洗净；咸鸭蛋切碎；芹菜洗净切碎。2. 油锅烧热，烹入料酒，下田螺，加盐炒熟后盛出。3. 锅置火上，注入清水，放大米煮至七成熟，入田螺、咸鸭蛋、芹菜煮至粥将成，加盐、香油、胡椒粉调匀，撒葱花即可。

| 适合人群：老年人 |

陈皮黄芪粥

材料：陈皮末 15 克，生黄芪 20 克，山楂适量，大米 100 克，白糖 10 克。

做法：

①. 生黄芪洗净；山楂洗净，切丝；大米泡发洗净。②. 锅置火上，注水后，放入大米，用旺火煮至米粒绽开。③. 放入生黄芪、陈皮末、山楂，用小火煮至粥成闻见香味，放入白糖调味即可。

适合人群：女性

红枣杏仁粥

适合人群：女性

材料：红枣 15 克，杏仁 10 克，大米 100 克，盐 2 克。

做法：

①. 大米洗净，泡发半小时后，捞出沥干水分备用；红枣洗净，去核，切成小块；杏仁泡发，洗净。②. 锅置火上，倒入适量清水，放入大米，以大火煮至米粒开花。③. 加入红枣、杏仁同煮至浓稠状，调入盐拌匀即可。

适合人群：老年人

薏米豌豆粥

材料：薏米、豌豆各 20 克，大米 70 克、胡萝卜 20 克，白糖 3 克。

做法：

①. 大米、薏米均泡发洗净；豌豆洗净；胡萝卜洗净后切粒。②. 锅置火上，倒入适量清水，放入大米、薏米、胡萝卜粒，以大火煮至米粒开花。③. 加入豌豆煮至浓稠状，调入白糖拌匀即可。

适合人群：老年人

黑枣红豆糯米粥

材 料: 黑枣30克, 红豆20克, 糯米80克, 白糖3克。

做 法:
① 糯米、红豆均洗净泡发; 黑枣洗净。② 锅中入清水加热, 放入糯米与红豆, 以大火煮至米粒开花。③ 加入黑枣同煮至浓稠状, 调入白糖拌匀即可。

适合人群: 女性

虾仁干贝粥

材 料: 大米100克, 虾仁、干贝各20克, 盐3克, 香菜、葱花、酱油各适量。

做 法:
① 大米洗净; 虾仁洗净, 用盐、酱油稍腌; 干贝泡发后撕成细丝; 香菜洗净, 切段。② 锅置火上, 放入大米, 加适量清水煮至五成熟。③ 放入虾仁、干贝煮至米粒开花, 加盐、酱油调匀, 撒上葱花、香菜即可。

适合人群: 老年人

菠菜山楂粥

材 料: 菠菜20克, 山楂20克, 大米100克, 冰糖5克。

做 法:
① 大米淘洗干净, 用清水浸泡; 菠菜洗净; 山楂洗净。② 锅置火上, 放入大米, 加适量清水煮至七成熟。③ 放入山楂煮至米粒开花, 放入冰糖、菠菜稍煮后调匀即可。

适合人群: 男性

香葱冬瓜粥

材料：冬瓜40克，大米100克，盐3块，葱少许。

做法：

1. 冬瓜去皮洗净，切块；葱洗净，切花；大米泡发洗净。2. 锅置火上，注水后，放入大米，用旺火煮至米粒绽开。3. 放入冬瓜，改用小火煮至粥浓稠，调入盐入味，撒上葱花即可。

适合人群：老年人

豆芽玉米粥

材料：黄豆芽、玉米粒各20克，大米100克，盐3克，香油5克。

做法：

1. 玉米粒洗净；豆芽洗净，摘去根部；大米洗净，泡发半小时。2. 锅置火上，倒入清水，放入大米、玉米粒用旺火煮至米粒开花。3. 再放入黄豆芽，改用小火煮至粥成，调入盐、香油搅匀即可。

适合人群：老年人

萝卜包菜酸奶粥

材料：胡萝卜、包菜各适量，酸奶10克，面粉20克，大米70克，盐3克。

做法：

1. 大米泡发洗净；胡萝卜去皮洗净，切小块；包菜洗净，切丝。2. 锅置火上，注入清水，放入大米，用大火煮至米粒绽开后，下入面粉不停搅匀。3. 再放入包菜、胡萝卜块，调入酸奶，改用小火煮至粥成，加盐调味即可食用。

适合人群：女性

香菇燕麦粥

材 料：香菇、白菜各适量，燕麦片60克，盐2克，葱8克。

做 法：

1. 燕麦片泡发洗净；香菇洗净，切片；白菜洗净，切丝；葱洗净，切花。2. 锅置火上，倒入清水，放入燕麦片，以大火煮开。3. 加入香菇、白菜同煮至浓稠状，调入盐拌匀，撒上葱花即可。

适合人群：老年人

香菇红豆粥

材 料：大米100克，香菇、红豆、马蹄各适量，盐2克，鸡精2克，胡椒粉适量。

做 法：

1. 大米、红豆一起洗净，下入冷水中浸泡半小时后捞出沥干水分；马蹄去皮，洗净，切成小块备用；香菇泡发洗净，切丝。2. 锅置火上，倒入适量清水，放入大米、红豆，以大火煮开。加入马蹄、香菇同煮至粥呈浓稠状，调入盐、鸡精、胡椒粉拌匀即可。

适合人群：老年人

洋葱大蒜粥

材 料：大蒜、洋葱各15克，大米90克，盐2克，味精1克，葱、生姜各少许。

做 法：

1. 大蒜去皮，洗净，切块；洋葱洗净，切丝；生姜洗净，切丝；大米洗净，泡发；葱洗净，切花。2. 锅置火上，注水后，放入大米用旺火煮至米粒绽开，放入大蒜、洋葱丝、姜丝。用小火煮至粥成，加入盐、味精入味，撒上葱花即可。

适合人群：老年人

梅肉山楂青菜粥

材 料：乌梅、山楂各 20 克，青菜 10 克，大米 100 克，冰糖 5 克。

做 法：

1. 大米洗净，用清水浸泡；山楂洗净；青菜洗净后切丝。2. 锅置火上，注入清水，放入大米煮至七成熟。3. 放入山楂、乌梅煮至粥将成，放入冰糖、青菜丝稍煮后调匀便可。

适合人群：老年人

猕猴桃樱桃粥

材 料：猕猴桃 30 克，樱桃少许，大米 80 克，白糖 11 克。

做 法：

1. 大米洗净，再放在清水中浸泡半小时；猕猴桃去皮洗净，切小块；樱桃洗净，切块。2. 锅置火上，注入清水，放入大米煮至米粒绽开后，放入猕猴桃块、樱桃块同煮。3. 改用小火煮至粥成后，调入白糖入味即可食用。

适合人群：老年人

桂圆胡萝卜大米粥

材 料：桂圆肉、胡萝卜各适量，大米 100 克，白糖 15 克。

做 法：

1. 大米泡发洗净；胡萝卜去皮洗净，切小块；桂圆肉洗净。2. 锅置火上，注入清水，放入大米用大火煮至米粒绽开。3. 放入桂圆肉、胡萝卜块，改用小火煮至粥成，调入白糖即可食用。

适合人群：老年人

肉末紫菜豌豆粥

材料：大米 100 克，猪肉 50 克，紫菜 20 克，豌豆、胡萝卜各 30 克，盐 3 克，鸡精 1 克。

做法：

① 紫菜泡发，洗净；猪肉洗净，剁成末；大米淘净，泡好；豌豆洗净；胡萝卜洗净，切成小丁。② 锅中注水，放大米、豌豆、胡萝卜，大火烧开，下入猪肉煮至熟。③ 小火将粥熬好，放入紫菜拌匀，调入盐、鸡精调味即可。

适合人群：女性

猪肉玉米粥

材料：玉米 50 克，猪肉 100 克，枸杞适量，大米 80 克，盐 3 克，味精 1 克，葱少许。

做法：

① 玉米拣尽杂质，用清水浸泡；猪肉洗净，切丝；枸杞洗净；大米淘净，泡好；葱洗净，切花。② 锅中注水，下入大米和玉米煮开，改中火，放入猪肉、枸杞，煮至猪肉变熟。③ 小火将粥熬化，调入盐、味精调味，撒上葱花即可。

适合人群：老年人

生菜肉丸粥

材料：生菜 30 克，猪肉丸子 80 克，香菇 50 克，大米适量，姜末、葱花、盐、鸡精、胡椒粉各适量。

做法：

① 生菜洗净，切丝；香菇洗净，对切；大米淘净，泡好；猪肉丸子洗净，切小块。② 锅中放适量水，下入大米大火烧开，放香菇、猪肉丸子、姜末，煮至肉丸变熟。③ 改小火，放入生菜，待粥熬好，加盐、鸡精、胡椒粉调味，撒上葱花即可。

适合人群：老年人

防癌抗癌

▌萝卜豌豆山药粥

材 料：白萝卜、胡萝卜、豌豆各适量，山药30克，大米100克，盐3克。

做 法：

① 大米洗净；山药去皮洗净，切块；白萝卜、胡萝卜洗净，切丁；豌豆洗净。② 锅内注水，放入大米、豌豆，用大火煮至米粒绽开，放入山药、白萝卜、胡萝卜。③ 改用小火，煮至粥浓稠，放入盐拌匀入味，即可食用。

适合人群：女性

▌胡萝卜山药大米粥

材 料：胡萝卜20克，山药30克，大米100克，盐3克，味精1克。

做 法：

① 山药去皮洗净，切块；大米泡发洗净；胡萝卜洗净，切丁。② 锅内注水，放入大米，大火煮至米粒绽开，放入山药、胡萝卜。③ 改用小火煮至粥成，放入盐、味精调味，即可食用。

适合人群：男性

▌花菜香菇粥

材 料：花菜35克，鲜香菇20克，胡萝卜20克，大米100克，盐2克，味精1克。

做 法：

① 大米洗净；花菜洗净，撕小朵；胡萝卜洗净，切小块；香菇泡发洗净，切条。② 锅中加水，放入大米用大火煮至米粒绽开后，放入花菜、胡萝卜、香菇。③ 改小火煮至粥成，加入盐、味精调味即可。

适合人群：老年人

芋头红枣蜂蜜粥

材料：芋头、红枣、玉米糁、蜂蜜各适量，大米90克，白糖5克，葱少许。

做法：
1. 大米洗净，泡发1小时备用；芋头去皮洗净，切小块；红枣去核洗净，切瓣；葱洗净，切花。
2. 锅中加水，放大米、玉米糁、芋头、红枣，用大火煮至米粒开花。
3. 再转小火煮至粥浓稠后，调入白糖调味，撒上葱花即可。

适合人群：男性

金针菇猪肉粥

材料：大米80克，猪肉100克，金针菇100克，盐3克，味精2克，葱花4克。

做法：
1. 猪肉洗净，切丝，用盐腌制片刻；金针菇洗净，去老根；大米淘净，浸泡半小时后捞出沥干水分。
2. 锅中注水，下入大米，旺火煮开，改中火，下入腌好的猪肉，煮至猪肉变熟。
3. 下入金针菇，熬至粥成，下入盐、味精调味，撒上葱花即可。

适合人群：老年人

鸡心香菇粥

材料：鸡心120克，香菇100克，大米80克，枸杞少许，盐3克，葱花4克，姜丝4克，料酒5克，生抽适量。

做法：
1. 香菇洗净，切成细丝；鸡心洗净，切块，加料酒、生抽腌制；枸杞洗净；大米淘净。
2. 大米放入锅中，加适量清水，旺火烧沸，下入香菇、枸杞、鸡心和姜丝，转中火熬煮至米粒开花。
3. 小火将粥熬好，加盐调味，撒上葱花即可。

适合人群：老年人

香菇双蛋粥

材 料：香菇、虾米少许，皮蛋、鸡蛋各1个，大米100克，盐3克，葱花、胡椒粉适量。

做 法：

❶ 大米淘洗干净，用清水浸泡半小时；鸡蛋煮熟后切丁；皮蛋去壳，洗净切丁；香菇择洗干净，切末；虾米洗净。❷ 锅置火上，注入清水，放入大米煮至五成熟。❸ 放入皮蛋、鸡蛋、香菇末、虾米煮至米粒开花，加入盐、胡椒粉调匀，撒上葱花即可。

适合人群：男性

茯苓大米粥

材 料：白茯苓适量，大米100克，盐2克，葱10克。

做 法：

❶ 大米淘洗干净，捞出沥干备用；茯苓洗净；葱洗净，切花。❷ 锅置火上，倒入清水，放入大米，以大火煮开。❸ 加入茯苓同煮至熟，再以小火煮至浓稠状，调入盐拌匀，撒上葱花即可。

适合人群：女性

茉莉高粱粥

材 料：茉莉花适量，高粱米70克，红枣20克，白糖3克。

做 法：

❶ 高粱米泡发洗净；红枣洗净，切片；茉莉花洗净。❷ 锅置火上，倒入清水，放入高粱米煮至开花。❸ 加入红枣、茉莉花同煮至浓稠状，调入白糖拌匀即可。

适合人群：女性

银耳玉米沙参粥

材 料：银耳、玉米粒、沙参各适量，大米100克，盐3克，葱少许。

做 法：

①玉米粒洗净；沙参洗净；银耳泡发洗净，撕成小朵；大米洗净；葱洗净，切花。②锅置火上，注水后，放入大米、玉米粒，用旺火煮至米粒完全绽开。③放入沙参、银耳，用小火煮至粥成闻见香味时，放入盐调味，撒上葱花即可。

适合人群：女性

香菜杂粮粥

材 料：香菜适量，荞麦、薏米、糙米各35克，盐2克，香油5克。

做 法：

①糙米、薏米、荞麦均泡发洗净；香菜洗净，切碎。②锅置火上，倒入清水，放入糙米、薏米、荞麦煮至开花。③煮至浓稠状时，调入盐拌匀，淋入香油，撒上香菜即可。

适合人群：男性

红豆腰果燕麦粥

材 料：红豆30克，腰果适量，燕麦片40克，白糖4克。

做 法：

①红豆泡发洗净，备用；燕麦片洗净；腰果洗净。②锅置火上，倒入清水，放入燕麦片和红豆、腰果，以大火煮开。③转小火将粥煮至呈浓稠状，调入白糖拌匀即可。

适合人群：孕产妇

高粱豌豆玉米粥

材料：高粱米60克，豌豆、玉米粒各30克，甘蔗汁适量，白糖4克。

做法：

1. 高粱米泡发洗净；玉米粒、豌豆均洗净。
2. 锅置火上，加入适量清水，放入高粱米、豌豆、玉米粒开大火煮开。3. 倒入甘蔗汁，转小火煮至浓稠状时，调入白糖拌匀即可。

适合人群：女性

南瓜粥

材料：南瓜30克，大米90克，盐2克，葱少许。

做法：

1. 大米泡发洗净；南瓜去皮洗净，切小块；葱洗净，切花。2. 锅置火上，注入清水，放入大米煮至米粒绽开后，放入南瓜。3. 用小火煮至粥成，调入盐入味，撒上葱花即可。

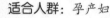

适合人群：孕产妇

香菇牛肉粥

材料：熟牛肉100克，香菇、大米各150克，盐、鸡精各适量。

做法：

1. 将大米淘洗净；熟牛肉切成细丁；香菇放入水中发透，捞出洗净切成碎粒。2. 砂锅中放入清水、大米旺火烧沸片刻，加入牛肉丁、香菇粒，用小火熬成粥，撒入盐、鸡精搅匀即成。

适合人群：老年人

排毒瘦身

▌竹荪玉笋粥

材料：粳米100克，竹荪50克，玉米笋（罐装）75克，盐1克，味精1.5克，冷水1000毫升。

做法：

① 粳米淘净，冷水浸泡半小时。② 竹荪温水泡至回软，改刀切段。③ 玉米笋洗净，切小段。④ 锅中加水和粳米，旺火烧沸，转小火慢煮。⑤ 粥成后，加竹荪和玉米笋，用盐和味精调味，再煮20分钟即可。

适合人群：女性

▌黄瓜胡萝卜粥

材料：黄瓜、胡萝卜各15克，大米90克，盐3克，味精少许。

做法：

① 大米泡发洗净；黄瓜、胡萝卜洗净，切成小块。② 锅置火上，注入清水，放入大米，煮至米粒开花。③ 放入黄瓜块、胡萝卜块，改用小火煮至粥成，调入盐、味精入味即可。

适合人群：女性

▌皮蛋瘦肉粥

材料：大米100克，皮蛋1个，猪瘦肉30克，盐3克，姜丝、葱花、香油各少许。

做法：

① 大米淘洗干净，放入清水中浸泡；皮蛋去壳，洗净切丁；猪瘦肉洗净切末。② 锅置火上，注入清水，放入大米煮至五成熟。③ 放入皮蛋、猪瘦肉、姜丝煮至粥将成，放入盐、香油调匀，撒上葱花即可。

适合人群：女性

胡萝卜玉米粥

材料：木瓜、胡萝卜、玉米粒各20克，大米90克，盐2克，葱少许。

做法：

1. 大米泡发洗净；木瓜、胡萝卜去皮洗净，切成小丁；玉米粒洗净；葱洗净，切花。
2. 锅置火上，放入清水与大米，用大火煮至米粒开花。
3. 再放入木瓜、胡萝卜、玉米煮至粥浓稠，调入盐入味，撒上葱花即可。

适合人群：*女性*

鸡蛋红枣醪糟粥

材料：醪糟、大米各20克，鸡蛋1个，红枣5枚，白糖5克。

做法：

1. 大米洗净；鸡蛋煮熟切碎；红枣洗净。
2. 锅置火上，注入清水，放入大米、醪糟煮至七成熟。
3. 放入红枣，煮至米粒开花；放入鸡蛋，加白糖调匀即可。

适合人群：*女性*

白菜玉米粥

材料：大白菜30克，玉米糁90克，芝麻少许，盐3克，味精少许。

做法：

1. 大白菜洗净，切丝；芝麻洗净。
2. 锅置火上，注入清水烧沸后，边搅拌边倒入玉米糁。
3. 再放入大白菜、芝麻，用小火煮至粥成，调入盐、味精入味即可。

适合人群：*女性*

芹菜红枣粥

材 料: 芹菜、红枣各 20 克, 大米 100 克, 盐 3 克, 味精 1 克。

做 法:

1. 芹菜洗净, 取梗切成小段; 红枣去核洗净; 大米泡发洗净。 2. 锅置火上, 注水后, 放入大米、红枣, 用旺火煮至米粒开花。 3. 放入芹菜梗, 改用小火煮至粥浓稠时, 加入盐、味精调味即可。

适合人群: 女性

胡萝卜菠菜粥

材 料: 胡萝卜 15 克, 菠菜 20 克, 大米 100 克, 盐 3 克, 味精 1 克。

做 法:

1. 大米泡发洗净; 菠菜洗净; 胡萝卜洗净, 切丁。 2. 锅置火上, 注入清水后, 放入大米, 用大火煮至米粒绽开。 3. 放入菠菜、胡萝卜丁, 改用小火煮至粥成, 加入盐、味精调味, 即可食用。

适合人群: 女性

绿茶乌梅粥

材 料: 大米 100 克, 绿茶 10 克, 生姜 15 克, 乌梅肉 35 克, 盐 3 克, 红糖 2 克。

做 法:

1. 大米泡发, 洗净后捞出; 生姜去皮, 洗净, 切丝, 与绿茶一同加水煮, 取汁待用; 青菜洗净, 切碎。 2. 锅置火上, 加入适量清水, 倒入姜茶汁, 放入大米, 大火煮开。再加入乌梅肉同煮至浓稠, 放入青菜稍煮片刻, 调入盐、红糖拌匀即可。

适合人群: 女性

五色冰糖粥

材 料：嫩玉米粒、香菇丁、青豆、胡萝卜丁各适量，大米 80 克，冰糖 3 克。

做 法：

1. 大米泡发洗净；玉米粒、胡萝卜丁、青豆洗净；香菇丁泡发洗净。2. 锅置火上，注水后，放入大米、玉米粒，用大火煮至米粒绽开。3. 放入香菇丁、青豆、胡萝卜丁，煮至粥成，调入冰糖煮至溶化即可。

适合人群：*女性*

银耳山楂粥

材 料：银耳 30 克，山楂 20 克，大米 80 克，白糖 3 克。

做 法：

1. 大米用冷水浸泡半小时后，洗净，捞出沥干水分备用；银耳泡发洗净，切碎；山楂洗净，切片。2. 锅置火上，放入大米，倒入适量清水煮至米粒开花。3. 放入银耳、山楂同煮片刻，待粥至浓稠状时，调入白糖拌匀即可。

适合人群：*女性*

香蕉玉米粥

材 料：香蕉、玉米粒、豌豆各适量，大米 80 克，冰糖 12 克。

做 法：

1. 大米泡发洗净；香蕉去皮，切片；玉米粒、豌豆洗净。2. 锅置火上，注入清水，放入大米，用大火煮至米粒绽开。3. 放入香蕉片、玉米粒、豌豆、冰糖，用小火煮至粥成闻见香味时，即可食用。

适合人群：*女性*

哈密瓜玉米粥

材料：哈密瓜、嫩玉米粒、枸杞各适量，大米80克，冰糖12克，葱少许。

做法：

① 大米泡发洗净；哈密瓜去皮洗净，切块；玉米粒、枸杞洗净；葱洗净，切花。② 锅置火上，注入清水，放入大米、枸杞、玉米用大火煮至米粒绽开后，放入哈密瓜块同煮。③ 再放入冰糖煮至粥成后，撒上葱花即可。

适合人群：女性

萝卜橄榄粥

材料：糯米100克，白萝卜、胡萝卜各50克，猪肉80克，橄榄20克，盐3克，味精1克，葱花适量。

做法：

① 白萝卜、胡萝卜均洗净，切丁；猪肉洗净，切丝；橄榄冲净；糯米淘净，用清水泡好。② 锅中注水，下入糯米和橄榄煮开，改中火，放入胡萝卜、白萝卜煮至粥稠冒泡。③ 再下入猪肉熬至粥成，调入盐、味精调味，撒上葱花即可。

适合人群：女性

白菜紫菜猪肉粥

材料：白菜心、虾米各30克，紫菜20克，猪肉80克，大米150克，盐3克，味精1克。

做法：

① 猪肉洗净，切丝；白菜心洗净，切成丝；紫菜泡发，洗净；虾米洗净；大米淘净，泡好。② 锅中放水，大米入锅，旺火煮开，改中火，下入猪肉、虾米，煮至虾米变红。③ 改小火，放入白菜心、紫菜，慢熬成粥，下入盐、味精即可。

适合人群：女性

玉米鸡蛋猪肉粥

材 料：玉米糁80克，猪肉100克，鸡蛋1个，盐3克，鸡精1克，料酒6克，葱花少许。

做 法：

1. 猪肉洗净，切片，用料酒、盐腌渍片刻；玉米糁淘净，浸泡6小时备用；鸡蛋打入碗中搅匀。2. 锅中加清水，放玉米糁，大火煮开，改中火煮至粥将成时，下入猪肉，煮至猪肉变熟。3. 再淋入蛋液，加盐、鸡精调味，撒上葱花即可。

适合人群：女性

鸡蛋玉米瘦肉粥

材 料：大米80克，玉米粒20克，鸡蛋1个，猪瘦肉20克，盐3克，香油、胡椒粉、葱花适量。

做 法：

1. 大米洗净，用清水浸泡；猪瘦肉洗净切片；鸡蛋煮熟切碎。2. 锅置火上，注入清水，放入大米、玉米煮至七成熟。3. 再放入猪瘦肉煮至粥成，放入鸡蛋，加盐、香油、胡椒粉调匀，撒上葱花即可。

适合人群：女性

薏米瘦肉冬瓜粥

材 料：薏米80克，猪瘦肉、冬瓜各适量，盐2克，绍酒5克，葱8克。

做 法：

1. 薏米泡发洗净；冬瓜去皮洗净，切丁；猪瘦肉洗净，切丝；葱洗净，切花。2. 锅置火上，倒入清水，放入薏米，以大火煮至开花。3. 再加入冬瓜煮至浓稠状，下入猪瘦肉丝煮至熟后，调入盐、绍酒拌匀，撒上葱花即可。

适合人群：女性

皮蛋瘦肉薏米粥

材料：皮蛋1个，猪瘦肉30克，薏米50克，大米80克，盐3克，味精2克，香油、胡椒粉适量，葱花、枸杞少许。

做法：

①. 大米、薏米洗净，放入清水中浸泡；皮蛋去壳，洗净切丁；猪瘦肉洗净切小块。②. 锅置火上，注入清水，放入大米、薏米煮至略带黏稠状。③. 再放入皮蛋、猪瘦肉块、枸杞煮至粥将成，加盐、味精、香油、胡椒粉调匀，撒上葱花即可。

适合人群：女性

香菇鸡肉包菜粥

材料：大米80克，鸡脯肉150克，包菜50克，香菇70克，料酒5克，盐3克，葱花适量。

做法：

①. 鸡脯肉洗净，切丝，用料酒腌渍；包菜洗净，切丝；香菇泡发，切成小片；大米淘净，浸泡半小时后，捞出沥干水分。②. 锅中加适量清水，放入大米，大火烧沸，下入香菇、鸡肉、包菜，转中火熬煮。③. 小火将粥熬好，加盐调味，撒上少许葱花即可。

适合人群：女性

鸡丁玉米粥

材料：大米80克，母鸡肉200克，玉米50克，鸡高汤50克，料酒3克，盐2克，葱花1克，香油适量。

做法：

①. 母鸡肉洗净，切丁，用料酒腌制；大米、玉米淘净，泡好。②. 锅中倒入鸡高汤，放入大米和玉米，旺火烧沸，下入腌好的鸡肉，转中火熬煮。③. 慢火将粥熬出香味，调入盐调味，淋香油，撒入葱花即可。

适合人群：女性

蘑菇墨鱼粥

材 料：大米80克，墨鱼50克，冬笋、猪瘦肉、蘑菇各20克，盐3克，料酒、香油、胡椒粉、葱花各适量。

做 法：

1. 大米洗净，用清水浸泡；墨鱼洗净后切麦穗状，用料酒腌渍去腥；冬笋、猪瘦肉洗净切片；蘑菇洗净。2. 锅置火上，注入清水，放入大米煮至五成熟。3. 放入墨鱼、猪瘦肉片熬煮至粥将成时，再下入冬笋和蘑菇，煮至黏稠，加盐、香油、胡椒粉调匀，撒上葱花即可。

适合人群：女性

莱菔子大米粥

材 料：大米100克，莱菔子5克，陈皮5克，白糖20克。

做 法：

1. 莱菔子洗净；陈皮洗净，切成小片；大米泡发洗净。2. 锅置火上，注水后，放入大米，用大火煮至米粒开花。3. 放入莱菔子、陈皮，改用小火熬至粥成闻见香味时，放入白糖调味即可。

适合人群：女性

麻仁葡萄粥

材 料：麻仁10克，葡萄干20克，青菜30克，大米100克，盐2克。

做 法：

1. 大米洗净，泡发半小时后，捞出沥干水分；葡萄干、麻仁均洗净；青菜洗净，切丝。2. 锅置火上，倒入适量清水烧沸，放入大米，以大火煮开。3. 加入麻仁、葡萄干同煮至米粒开花，再下入青菜丝煮至浓稠状，调入盐拌匀即可。

适合人群：女性

枸杞茉莉花粥

材料: 枸杞、茉莉花各适量, 大米 80 克,
盐 2 克。

做法:

① 大米洗净, 浸泡半小时后捞出沥干水分;
茉莉花、枸杞均洗净。② 锅置火上, 倒入清
水, 放入大米, 以大火煮开。③ 加入枸杞同
煮片刻, 再以小火煮至浓稠状, 撒上茉莉花,
调入盐拌匀即可。

适合人群: 女性

雪梨枸杞粥

材料: 雪梨、白米各 50 克, 枸杞 10 克,
冰糖适量。

做法:

① 雪梨洗净取果肉切小片; 白米淘洗净, 枸
杞洗净。② 将白米放入锅中, 加清水, 煲开
后下入梨片、枸杞, 煲至梨熟、粥黏稠时端
离火口。③ 调入冰糖, 待凉后, 放入冰箱冷
冻一两个小时, 即可取出食用。

适合人群: 女性

百合粥

材料: 百合 25 克, 白米 100 克, 盐适量。

做法:

① 将百合洗净, 削去外部黑边; 白米淘洗净,
备用。② 锅中下入百合和白米, 加适量清水,
先开大火煮沸, 再转小火熬煮成粥。③ 食用
时, 加盐调味即可。

适合人群: 女性

免疫力增强

▌红枣桂圆粥

材料：大米 100 克，桂圆肉、红枣各 20 克，红糖 10 克，葱花少许。

做法：

① 大米淘洗干净，放入清水中浸泡；桂圆肉、红枣洗净备用。② 锅置火上，注入清水，放入大米，煮至粥将成。③ 放入桂圆肉、红枣煨煮至酥烂，加红糖调匀，撒葱花即可。

适合人群：孕产妇

▌豆豉枸杞叶粥

材料：大米 100 克，豆豉汁、鲜枸杞叶各适量，盐 3 克，葱 5 克。

做法：

① 大米洗净，泡发 1 小时；枸杞叶洗净，切碎；葱洗净，切花。② 锅置火上，放入大米，倒入适量清水，煮至米粒开花，再倒入豆豉汁。待粥至浓稠状时，放入枸杞叶同煮片刻，调入盐拌匀，撒上葱花即可。

适合人群：男性

▌毛豆糙米粥

材料：毛豆仁 30 克，糙米 80 克，盐 2 克。

做法：

① 糙米泡发洗净；毛豆仁洗净。② 锅置火上，倒入清水，放入糙米、毛豆煮开。③ 待煮至浓稠状时，调入盐拌匀即可。

适合人群：男性

瘦肉豌豆粥

材料：猪瘦肉 100 克，豌豆 30 克，大米 80 克，盐 3 克，鸡精 1 克，葱花、姜末、料酒、酱油、色拉油适量。

做法：

 豌豆洗净；猪瘦肉洗净，剁成末；大米用清水淘净，用水浸泡半小时。 大米入锅，加清水烧开，改中火，放姜末、豌豆煮至米粒开花。❸ 再放入猪瘦肉，改小火熬至粥浓稠，加入色拉油、盐、鸡精、料酒、酱油调味，撒上葱花即可。

适合人群：女性

猪骨稠粥

材料：猪骨 500 克，大米 80 克，盐 3 克，味精 2 克，葱花 5 克，姜末适量。

做法：

❶ 大米淘净，泡半小时；猪骨洗净，斩件，入沸水中余烫，捞出。❷ 猪骨入高压锅，加清水、盐、姜末压煮，倒入锅中烧开，下入大米，改中火熬煮。❸ 转小火，熬化成粥，加入盐、味精调味，撒上葱花即可。

适合人群：儿童

猪骨菜干粥

材料：菜干 30 克，猪骨 500 克，蚝豉 50 克，大米 80 克，葱花、姜末、盐、味精适量。

做法：

❶ 大米淘净，泡好；猪骨洗净，斩件，入沸水中余烫；菜干泡发洗净，切碎；蚝豉泡发，洗净。❷ 猪骨下高压锅，加水、盐、姜末压煮，待汤浓稠时，倒入砂锅中，下入大米，改中火熬煮。❸ 转小火，加入菜干、蚝豉，熬煮成粥，加入盐、味精调味，撒上葱花即可。

适合人群：男性

猪肚槟榔粥

材料：白术 10 克，槟榔 10 克，猪肚 80 克，大米 120 克，盐 3 克，鸡精 1 克，姜末 8 克，葱花少许。

做法：

❶ 大米淘净，浸泡半小时至发透；猪肚洗净，切成长条；白术、槟榔洗净。❷ 锅中注水，放入大米，旺火烧沸，下入猪肚、白术、槟榔、姜末，转中火熬煮。❸ 待粥成，加盐、鸡精调味，撒上葱花即可。

适合人群：男性

陈皮猪肚粥

材料：陈皮 20 克，猪肚 100 克，黄芪 30 克，大米 80 克，盐 3 克，鸡精 1 克，葱花适量。

做法：

❶ 猪肚洗净，切成长条；大米淘净，浸泡半小时后，捞出沥干；黄芪、陈皮洗净，均切碎。❷ 锅中注水，下入大米，大火烧开，放入猪肚、陈皮、黄芪，转中火熬煮。待米粒开花，小火熬煮至粥浓稠，加盐、鸡精调味，撒上葱花即可。

适合人群：女性

香菇猪蹄粥

材料：大米 150 克，净猪前蹄 120 克，香菇 20 克，盐 3 克，鸡精 1 克，姜末 6 克，香菜少许。

做法：

❶ 大米淘净，浸泡半小时后捞出沥干水分；猪蹄洗净，砍成小块，再下入锅中炖好，捞出；香菇洗净，切成薄片。❷ 大米入锅，加水煮沸，下入猪蹄、香菇、姜末，再中火熬煮至米粒开花。待粥熬出香味，加入盐、鸡精调味，撒上香菜即可。

适合人群：孕产妇

牛筋三蔬粥

材 料：水发牛蹄筋 100 克，糯米 150 克，胡萝卜 30 克，玉米粒、豌豆各 20 克，盐 3 克，味精 1 克。

做 法：

① 胡萝卜洗净，切丁；糯米淘净，浸泡 1 小时；玉米粒、豌豆洗净；牛蹄筋洗净，入锅炖好，切条。② 糯米放入锅中，加适量清水，以旺火烧沸，下入牛蹄筋、玉米、豌豆、胡萝卜，转中火熬煮。③ 改小火，熬煮至粥稠且冒气泡，调入盐、味精调味即可。

适合人群：男性

鸡肉枸杞萝卜粥

材 料：白萝卜 120 克，鸡脯肉 100 克，枸杞 30 克，大米 80 克，盐、葱花各适量。

做 法：

① 白萝卜洗净，去皮，切块；枸杞洗净；鸡脯肉洗净，切丝；大米淘净，泡好。② 大米放入锅中，倒入鸡汤，武火烧沸，下入白萝卜块、枸杞，转中火熬煮至米粒软散。③ 下入鸡脯肉丝，将粥熬至浓稠，加盐调味，撒上葱花即可。

适合人群：儿童

鸡肉红枣粥

材 料：大米 80 克，香菇 70 克，红枣 50 克，鸡肉 120 克，料酒 3 克，姜末 5 克，盐 3 克，葱花适量。

做 法：

① 鸡肉洗净，切丁，用料酒腌制；大米淘净，泡好；红枣洗净，去核，对切；香菇用水泡发，洗净，切片。② 锅中加适量清水，下入大米大火烧沸，再下入鸡丁、红枣、香菇、姜末，转中火熬煮。③ 改小火将粥焖煮好，加盐调味，撒上葱花即可。

适合人群：女性

薏米鸡肉粥

材 料: 鸡肉150克, 薏米30克, 大米60克, 料酒、鲜汤、盐、胡椒粉、葱花各适量。

做 法:

①鸡肉洗净, 切小块, 用料酒腌渍; 大米、薏米淘净, 泡好。②锅中注入鲜汤, 下入大米、薏米, 大火煮沸, 下入腌好的鸡肉, 转中火熬煮。③用小火将粥熬至黏稠时, 加入盐、胡椒粉调味, 撒入葱花即可。

适合人群: 女性

香菇鸡翅粥

材 料: 香菇15克、米60克、鸡翅200克、葱10克, 盐6克, 胡椒粉3克。

做 法:

①香菇泡发切块, 米洗净后泡水1小时, 鸡翅洗净斩块, 葱切花备用。②将米放入锅中, 加入适量水, 大火煮开, 加入鸡翅、香菇同煮。③至呈浓稠状时, 调入调味料, 撒上葱花即可。

适合人群: 老年人

家常鸡腿粥

材 料: 大米80克, 鸡腿肉200克, 料酒5克, 盐3克, 胡椒粉2克, 葱花3克。

做 法:

①大米淘净, 浸泡半小时; 鸡腿肉洗干净, 切成小块, 用料酒腌渍片刻。②锅中加入适量清水, 下入大米以旺火煮沸, 放入腌好的鸡腿肉, 中火熬煮至米粒软散。③改小火, 待粥熬出香味时, 加盐、胡椒粉调味, 放入葱花即可。

适合人群: 女性

蛋黄鸡肝粥

材料：大米 150 克，熟鸡蛋黄 2 个，鸡肝 60 克，枸杞 10 克，盐 3 克，鸡精 1 克，香菜少许。

做法：
1. 大米淘净，泡好；鸡肝用水泡洗干净，切片；枸杞洗净；熟鸡蛋黄捣碎。2. 大米放入锅中，放水煮沸，放入枸杞，转中火熬煮至米粒开花。3. 下入鸡肝、熟鸡蛋黄，小火熬煮成粥，加盐、鸡精调味，撒入香菜即可。

适合人群：儿童

枸杞鸽粥

材料：枸杞 50 克，黄芪 30 克，乳鸽 1 只，大米 80 克，料酒 5 克，生抽 4 克，盐 3 克，鸡精 2 克，胡椒粉 4 克，葱花适量。

做法：
1. 枸杞、黄芪洗净；大米淘净，泡好；鸽子洗净，切块，用料酒、生抽腌制，炖好。
2. 大米放锅中，加水，旺火煮沸，下枸杞、黄芪，中火煮至米开花。3. 下鸽肉煮成粥，加盐、鸡精、胡椒粉调味，撒上葱花即可。

适合人群：孕产妇

猪血黄鱼粥

材料：大米 80 克，黄鱼 50 克，猪血 20 克，盐 3 克，味精 2 克，料酒、姜丝、香菜末、香油各适量。

做法：
1. 大米淘洗干净，用清水浸泡；黄鱼洗净切小块，用料酒腌渍；猪血洗净切块，余水。
2. 锅置火上，放入大米，加适量清水煮至五成熟。放入鱼肉、猪血、姜丝煮至粥将成，加盐、味精、香油调匀，撒上香菜末即成。

适合人群：孕产妇

鸡肉鲍鱼粥

材料：鸡肉、鲍鱼各30克，大米80克，盐3克，味精2克，料酒、香菜末、胡椒粉、香油各适量。

做法：

1. 大米淘洗干净；鲍鱼、鸡肉洗净后均切小块，用料酒腌渍去腥。2. 锅置火上，放入大米，加适量清水煮至五成熟。
3. 放入鲍鱼、鸡肉煮至粥将成，加盐、味精、胡椒粉、香油调匀，撒上香菜末即成。

适合人群：孕产妇

枣参茯苓粥

材料：红枣、白茯苓、人参各适量，大米100克，白糖8克。

做法：

1. 大米泡发洗净；人参洗净，切小块；白茯苓洗净；红枣去核洗净，切开。2. 锅置火上，注入清水后，放入大米，用大火煮至米粒开花，放入人参、白茯苓、红枣同煮。
3. 改用小火煮至粥浓稠闻见香味时，放入白糖调味，即可食用。

适合人群：儿童

人参枸杞粥

材料：人参5克，枸杞15克，大米100克，冰糖10克。

做法：

1. 人参洗净，切小块；枸杞泡发洗净；大米泡发洗净。2. 锅置火上，注水后，放入大米，用大火煮至米粒开花。3. 再放入人参、枸杞熬至粥成，放入冰糖入味即可。

适合人群：老年人

细辛枸杞粥

材料：大米100克，细辛适量，枸杞少许，盐2克，葱5克。

做法：

① 大米洗净，置于冷开水中浸泡半小时后捞出沥干水分；细辛洗净；葱洗净，切花。② 锅置火上，倒入清水，放入大米，以大火煮至米粒开花，再加入枸杞和细辛，转小火熬煮。③ 待粥煮至浓稠状，调入盐拌匀，再撒上葱花即可。

适合人群：男性

元气粥

材料：三合一麦片1包，苏打饼干3块，葡萄干、枸杞、樱桃干各15克。

做法：

① 葡萄干、枸杞、樱桃干洗净；苏打饼干掰成小片；三合一麦片冲入200毫升热开水泡3分钟备用。② 碗中加入苏打饼干，撒上枸杞、葡萄干、樱桃干，搅拌均匀即可食用。

适合人群：男性

西米猕猴桃粥

材料：鲜猕猴桃200克，西米100克，白糖适量。

做法：

① 将鲜猕猴桃冲洗干净，去皮，取瓤切粒；西米洗净用清水浸泡发好。② 取锅放入清水，旺火烧开，加入猕猴桃粒、西米，旺火煮沸。③ 再改用小火略煮，然后加入白糖调味即成。

适合人群：老年人

山药糯米粥

材 料: 山药15克, 糯米50克, 红糖适量, 胡椒末少许。

做 法:

1. 山药去皮洗净切块, 糯米洗净。2. 先将糯米略炒, 再与山药块共煮粥。3. 粥将熟时, 加胡椒末、红糖, 再稍煮即可。

适合人群: 老年人

麦片蛋花粥

材 料: 白米40克, 麦片20克, 鸡蛋1个, 盐适量。

做 法:

1. 白米洗净, 浸泡20～30分钟后沥干备用。
2. 将适量水和白米放入锅中, 开大火煮至白米略软后放入麦片, 待沸后改小火熬成粥状, 再加入打匀的蛋液煮成蛋花, 以盐调味即可。

适合人群: 老年人

美味八宝粥

材 料: 粳米、红米、薏米、绿豆、银耳、莲子、红枣、花生各20克, 蜂蜜适量。

做 法:

1. 所有原材料洗净; 红枣洗净泡发去核; 莲子剔去莲心; 银耳撕成小朵洗净。2. 将备好的材料放入锅中, 加适量清水, 大火煮沸, 小火熬成粥, 加入适量蜂蜜调味即可。

适合人群: 儿童

延年益寿

黑豆牡蛎粥

材料：粳米、兔肉、荸荠各100克，水发香菇50克，盐、味精、胡椒粉、香油、葱末、姜末适量。

做法：

1. 黑豆洗净，冷水浸泡2小时；粳米洗净，浸泡半小时；牡蛎肉洗净。 2. 锅中加入水、黑豆与粳米，旺火烧沸后加牡蛎肉，改小火熬煮。 3. 粥将成时下入盐，撒上葱末、淋上香油即可。

| 适合人群：老年人 |

黄芪牛肉粥

材料：粳米、鲜牛肉各100克，黄芪10克，精豆粉20克，胡椒粉、味精、盐、姜、葱末适量。

做法：

1. 鲜牛肉、姜一起绞烂，加精豆粉、胡椒粉、盐、味精调匀。 2. 黄芪用纱布包好。 3. 粳米浸泡半小时入锅，加水旺火烧沸，加黄芪包，小火熬煮至粳米熟烂时捞出包，加入牛肉馅、姜片搅散，中火熬煮。 4. 牛肉熟软加葱末、味精调味即可。

| 适合人群：老年人 |

当归乌鸡粥

材料：粳米200克，当归30克，净乌鸡1只，葱段、姜、盐、味精、料酒适量。

做法：

1. 粳米泡好，当归洗净纱布包好，乌鸡开水焯烫。 2. 锅入冷水、当归、乌鸡、葱段、姜片、料酒，小火煮至鸡烂，捞出乌鸡，拣去当归、葱段、姜片。 3. 加粳米，小火熬煮成粥。 4. 鸡肉拆下撕碎放入粥内，用盐、味精调味即可。

| 适合人群：老年人 |

兔肉粥

材料：粳米、兔肉、荸荠各100克，水发香菇50克，盐2克，味精、胡椒粉各1克，大油10克，葱末3克，姜末2克。

做法：

① 粳米淘净，浸泡半小时，捞出沥干水分。② 兔肉、荸荠、香菇整理干净，切丁。③ 锅中加入冷水和粳米，用旺火烧沸后搅拌几下，加入兔肉、荸荠丁、香菇丁、盐、大油、葱末、姜末，改用小火慢慢熬煮，待粥浓稠时调入味精、胡椒粉，即可盛起食用。

适合人群：老年人

银耳鸽蛋粥

材料：荸荠粉100克，水发银耳75克，核桃仁20克，鸽蛋5个，白糖20克，冷水1000毫升。

做法：

① 水发银耳洗净，撕成小朵放入碗内，加入少许冷水上笼蒸透。② 鸽蛋煮成溏心蛋。③ 核桃仁浸泡，撕去外衣。荸荠粉放入碗内，调成糊。④ 取锅加入水，加入银耳、核桃仁、荸荠糊，调入白糖，用手勺搅匀，煮沸呈糊状时，再加入鸽蛋即成。

适合人群：老年人

鸽肉粥

材料：粳米150克，乳鸽1只，葱末3克，姜丝2克，盐2克，味精1克，料酒5克，胡椒粉1克，色拉油10克。

做法：

① 乳鸽放入沸水锅内煮一下，切成小块，加入盐、料酒拌腌。② 粳米淘净浸泡半小时，捞出沥干水分。③ 色拉油烧热，下鸽肉、葱末、姜丝煸炒，烹入料酒，备用。④ 另取一锅，加入冷水和粳米，旺火煮沸后加入鸽肉，改用小火熬煮成粥，最后加入盐、味精、胡椒粉搅匀即成。

适合人群：老年人

第7章
四季养生调养粥

中医认为，人体的阴阳是生命的根本。自然界有春夏秋冬四时的变化，即所谓"四时阴阳"。善于养生的人，也要使人体中的阴阳与四时的阴阳变化相适应，了解四季养生的重点以保持人与自然的和谐统一，从而达到祛病强身、延年益寿的目的。

春季调养粥

春季养生之道

春季饮食应以养肝为主，同时要注意补充蛋白质和维生素来提高抵抗力。为此可以吃一些葱、蒜、韭菜、菠菜、荠菜、大枣、海鱼、海虾、牛肉、鹌鹑蛋、芝麻、杏仁、枸杞子、豇豆、黄花菜、鸡蛋、鸡肉、豆制品等食物。不宜吃酸味食物、寒凉食物以及辛热助火食物等。

◎春季饮食建议◎

春季为四季之首，是草木繁荣的季节。春天气温变化较大，冷热刺激可使人体内的蛋白质分解加速，导致机体抵抗力降低，从而容易传染或者复发疾病，这时需要补充优质蛋白质食品，同时还多吃一些温补阳气的食物以及补硒的食物。

除了饮食上的保养，春季养生还应注重精神调摄。中医认为，肝主升发阳气，如果精神上长期抑郁的话，就会郁结一股怨气在体内，不得抒发。而要想肝气畅通，首先要重视精神调养，注意心理卫生。

荠菜大米粥

材料：荠菜200克，大米100克，姜8克，香油、精盐、味精各适量。

做法：

1. 将荠菜择洗干净，切成2厘米左右的段；大米淘洗干净；姜洗净，切成细末。
2. 将大米和姜末一起放进锅中，加入适量的水，大火烧开。
3. 烧开后放入荠菜，改为小火熬成粥，加入香油、精盐、味精即成。

功效：荠菜含丰富的维生素C和胡萝卜素，居于诸果蔬之冠，以及大量的粗纤维和十多种人体必需的氨基酸，有助于增强机体免疫功能。在春季流脑多发的季节，多吃些荠菜有助于提高对病毒的抵抗力。此粥口味清爽，具有利肝和中、明目利尿的功效。

特别提示：荠菜不宜久烧久煮，时间过长会破坏其营养成分。

牛肉胡萝卜粥

材料：瘦牛肉 50 克，胡萝卜 30 克，大米 50 克，食用油 5 毫升。

做法：

1. 胡萝卜洗净、切成小块；瘦牛肉洗净后用清水泡 20 分钟，切成薄片；大米洗净、沥干水分。

2. 锅置火上，加入适量的清水和大米，大火煮开后改为小火慢熬。

3. 熬至浓稠时，放胡萝卜块、瘦牛肉片，再次用大火煮开，最后用小火熬 15 分钟即可。

> **功效**：春季是过敏症的高发季节，研究发现，胡萝卜中的 β - 胡萝卜素能有效预防花粉过敏症、过敏性皮炎等过敏反应。瘦牛肉蛋白质含量高，脂肪含量低，可滋养强身、提高抗病能力。此粥是春季一道滋补佳肴。

鹌鹑蛋粥

材料：大米 50 克，鹌鹑蛋 5 个，食盐适量。

做法：

1. 大米洗净，冷水下锅，大火烧开后转为中火熬成粥。
2. 将鹌鹑蛋磕入碗内，加入适量的盐打散。
3. 将鹌鹑蛋液倒在锅内，搅匀稍煮至蛋熟，即可食用。（可根据个人喜好放一些调味料。）

功效：鹌鹑蛋的营养价值不亚于鸡蛋，有"动物中的人参"之称。此粥尤适男子食用，有填精补液、利尿通淋之效。

特别提示：脑血管病人应尽量少食鹌鹑蛋。

春韭大米粥

材料：新鲜韭菜 30 克，大米 100 克，食盐适量。

做法：

1. 韭菜择洗干净、切碎，大米洗净、沥干水分。
2. 大米冷水入锅，大火煮沸后改为小火慢熬。
3. 加入韭菜，两者一同煮成粥，放入适量食盐即可。

功效：韭菜含有多种矿物质和维生素，春日食用有补肾助阳、促进生发的效用。此粥味道鲜美，可固精止遗、健脾暖胃。

特别提示：阴虚但内火旺盛或体内有热、溃疡病、眼疾者应慎食。另外，韭菜吃多了容易胃灼热，所以消化不良或肠胃功能较弱的人不宜多吃。

鸭血瘦肉粥

材料：鸭血1块，猪瘦肉3两，大米50克，葱花、姜丝、香菜少许，香油、酱油、蚝油、食盐、糖、淀粉等各适量。

做法：

1. 鸭血洗净、切小块，用姜丝、葱花、香菜、胡椒粉、盐调味；猪瘦肉洗净、切成细丝，用酱油、蚝油、少许糖、淀粉调味。

2. 将调味好的猪瘦肉和适量的姜丝、葱花和香菜一同放入锅中，加入适量的水，大火烧开。

3. 放入鸭血和大米，再酌情加入一些冷水，煮成粥，用香油、食盐、味精等调味即成。

功效：鸭血也称"液体肉"，通常被制成血豆腐，是最理想的补血佳品之一。此粥味道爽口，营养丰富，有补血解毒、清理肠道等功效。

特别提示："三高"患者以及肝病、冠心病患者应少食；平素脾阳不振、寒湿泻痢之人忌食。

油菜猪肝粥

材 料：油菜 50 克，猪肝 150 克，大米 100 克，盐 3 克。

做法：

① 油菜去根，择洗干净、切碎；猪肝清洗后切成大片，用清水泡半个小时，中间换水两三次，然后切成碎粒，焯水；大米洗净、沥干水分。

② 将大米冷水放入砂锅中，煮成稠粥。

③ 依次放入猪肝、油菜，中火煮开，加盐调味即可。

功效：油菜钙含量较高，还含有丰富的膳食纤维，有解毒、消肿、通便的作用。猪肝含有铁元素及维生素 A、维生素 B_2 等营养物质，且易吸收。两者搭配制粥，是春季补充营养、解毒通便的良好食物。

特别提示：油菜不宜长期保存，放在冰箱中可保存 24 小时左右，而且做熟的油菜最好现吃，不要隔夜吃。猪肝食用前要反复冲洗，确保去毒，安全食用。

黄花粥

材　料：新鲜黄花菜 50 克，大米 100 克，食盐 5 克。

做法：

1. 大米淘洗干净后冷水入锅，大火烧开，改为小火熬成粥。

2. 将黄花菜在锅内适当煎煮至六分熟，捞出用凉水过一遍，加入粥锅内，煮 5 分钟左右，加入适量的盐，即可食用。

功效：黄花菜有很高的营养价值，可健脑抗衰、养血益肝等。此粥色泽亮丽，味道鲜嫩，有清热消肿、利尿的效果。

豆芽山药粥

材　料：黄豆芽 60 克，山药 30 克，大米 100 克，盐适量。

做法：

1. 黄豆芽去根、洗净；山药洗净后浸泡一夜，切成薄片；将大米淘洗干净、沥干水分。

2. 在锅内放入适量清水，将三者同时放入，熬煮成粥即可。

功效：山药有充饥补虚的效果，制成粥有健脾养肝功效，营养全面的黄豆芽做粥可达到健脾利尿、减肥养生的效果。

特别提示：黄豆芽膳食纤维较粗，不易消化，而且性质寒凉，所以脾胃虚寒之人不宜常吃、多吃。食用山药有收敛作用，所以患感冒、大便燥结者及肠胃积滞者应避免食用。

夏季调养粥

夏季是天地万物生长、葱郁茂盛的时期。这时，大自然阳光充沛，热力充足，万物都借助这一自然趋势加速生长发育。人在这个时候也要多晒太阳，不要怕出汗，在情志上不要过分压抑自己，这样才能使气血通畅。另外，炎夏不宜远途跋涉，最好是就近寻幽。早晚室内气温低，应将门窗打开，通风换气。中午室外气温高于室内，宜将门窗紧闭，拉好窗帘。阴凉的环境会使人心静神安。

◎夏季饮食建议◎

炎夏暑热，贵在养脾，饮食方面，需要做到少食高脂厚味、辛辣上火之物。饮食须清淡，可以多吃一些新鲜蔬菜瓜果，如西红柿、黄瓜、苦瓜、冬瓜、丝瓜、西瓜之类清淡宜人的食物，既能保证营养，又可预防中暑；菊花清茶、酸梅汤和绿豆汁、莲子粥、荷叶粥、皮蛋粥等亦可清暑热，生津开胃。

菜花猪肉粥

材 料： 大米 150 克，菜花 150 克，猪肉(瘦)50 克，盐 2.5 克，味精 1 克，猪油 15 克。

做 法：

1. 菜花去梗，用淡盐水浸泡 10 分钟，洗净切碎备用；大米淘洗干净，用清水浸泡 25 分钟，沥干水备用；猪肉切末备用。

2. 锅内加入 1000 毫升水，放入备用的大米，大火煮开。

3. 依次加入菜花、猪肉末、猪油，煮至熟。

4. 加入盐、味精调味即可。

功效： 此粥有防癌抗癌、健体美容的功效。

绿豆荷叶冰糖粥

材料: 荷叶1张, 绿豆30克, 大米100克, 冰糖适量。

做法:

①. 将绿豆洗净, 清水浸泡1个小时; 糯米洗净, 备用。

②. 将浸泡好的绿豆放入锅中, 加适量水, 煮至开花成绿豆汤, 盛出备用。

③. 锅内放入大米, 煮至半熟时加入冰糖、绿豆汤, 搅匀, 煮开。

④. 取荷叶1张, 盖于粥面, 晾凉即可。

功效: 此粥具有祛暑养生、和中健胃之效。

冬瓜玉米粥

材料: 冬瓜200克, 鸡肉50克, 鲜玉米60克, 冬虫夏草5克, 葱、生姜、盐各适量。

做法:

①. 将玉米、冬虫夏草、生姜、鸡肉、冬瓜、葱分别洗净, 葱切段, 姜切丝, 冬瓜切小块, 鸡肉切成细丝。

②. 将准备好的食材一同放入砂锅内, 加入适量清水, 大火煮开后, 改为小火煮成粥, 放入少许葱段调味即可。

功效: 此粥有滋养肺肾、利水降浊之效。

雪梨菊花粥

材料：鲜菊花3朵，雪梨1个，糯米120克，冰糖适量。

做法：

1. 糯米提前浸泡3个小时，锅内放适量的水和大米，大火煮开后，转中小火继续熬煮。

2. 将雪梨去皮切小块，放入粥中继续煮。

3. 待粥将熟时，取适量冰糖放入粥中，同时把菊花洗净，放入锅中，煮3分钟即可。

功效：此粥可降低血压、生津解渴、清热化痰、保护眼睛。

荷叶莲藕粥

材料: 大米 150 克, 莲藕 30 克, 荷叶 1 张, 白糖适量。

做法:

1. 荷叶洗净切碎, 放入锅内, 加水适量煮开, 留汁备用。

2. 莲藕切成小丁, 大米 (洗净) 加入锅内, 煮熟。

3. 加入适量白糖调味, 即可食用。

> **功效**: 此粥具有消暑利湿、散瘀止血、降压降脂之效。

丝瓜粥

材料: 大米 100 克, 丝瓜 50 克。

做法:

1. 大米洗净, 加入锅内, 用大火煮沸后, 改用小火煮约 6 分熟。

2. 丝瓜洗净去皮, 切成小丁, 加入煮至半熟的锅中, 煮熟即可。

> **功效**: 此粥可消暑解热、清热化痰、利湿解毒。

荷花粥

材料：大米100克，荷叶1张，荷花30克。

做法：

① 大米洗净，放入锅内，加适量水煮熟。

② 荷叶洗净切碎，荷花洗净沥水，加入煮熟的大米粥中，继续煮10分钟左右即可。

功效：此粥清香化痰、消暑安神、瘦身美容。

秋季养生之道

秋季是万物收获的季节，此时秋风劲急、秋高气爽，收敛过于生发，天气下降，地气内敛，外现清明。在起居方面，这一时节应"早卧早起，与鸡俱兴"，虽然不至于和鸡起的一样早，但也应该早睡早起，多呼吸新鲜空气，在清晨安静广阔的空间里宣泄情绪，这样可以帮助收敛精神而不外散，以缓和秋季肃杀的伤伐，使神气安定，对身体很有好处。

◎秋季饮食建议◎

入秋后应当抓住秋凉的好时机，科学地摄食，不能由着自己的胃口，饥一餐饱一顿。三餐更要定时、定量，营养搭配得当。秋天秋高气爽，气候干燥，应防"秋燥"。饮食上要注意滋养津液，多喝水、淡茶等饮料，并吃些能够润肺清燥、养阴生津的食物，如秋梨、西红柿、豆腐、藕、萝卜等，少吃辛辣、油炸食物及膨化食物，少饮酒。

海带鱼肉粥

材料：大米 150 克，海带 75 克，扒皮鱼片 100 克，胡萝卜 20 克，姜片、酱油、盐各适量。

做法：

① 海带洗净放入锅内，加水熬成清汤；大米洗净，加盐、酱油腌制 15 分钟；胡萝卜洗净，切成细丝；扒皮鱼片切成丝。

② 将腌好的大米及胡萝卜丝加入海带清汤内，加入姜片，小火熬制。

③ 待粥将成时，加入鱼肉丝、海带，煮开即可。

功效：此粥具有清心安神、美容养颜之效。

花生小米粥

材料：小米 60 克，花生仁 45 克，红小豆 25 克，桂花糖、冰糖各适量。

做法：

1. 小米、花生仁、红小豆放入清水中浸泡约 4 小时，淘洗干净备用。2. 锅内放入花生仁、红小豆，再加入适量清水，煮开后，改用小火继续煮 30 分钟。3. 放入小米，煮至米烂、花生仁、红小豆酥软，加入冰糖、桂花糖调味即可。

功效：此粥可清热解毒、和胃消肿。

黄鳝姜丝粥

材料：大米 150 克，黄鳝 100 克，油 3 克，姜丝、酒、盐适量。

做法：

1. 将黄鳝去除内脏放入砂锅内，将大米洗净加入，再加入适量水煮成。2. 加入油、盐、姜丝、酒调味即可。

功效：此粥可补气益气、除湿止血、强健筋骨。

冰糖柚子粥

材料：干菊花 2 朵，柚子一小片，大米 100 克，糯米少许，冰糖适量。

做法：

1. 大米洗净，用水浸泡 30 分钟左右；柚子撕成细丝；菊花用开水泡开，去掉花托。
2. 将大米和柚子丝放入锅内，再加入菊花茶，大火煮开后，改用小火熬制，约 20 分钟。
3. 放入柚子丝和冰糖，边煮边搅拌，煮约 10 分钟至粥呈黏稠状即可。

功效：此粥可健胃消食、宽中理气、化痰止咳。

秋梨冰糖润燥粥

材 料：大米 100 克，梨子 1 个，冰糖适量。

做 法：

1. 大米洗净；梨子洗净，去核切小块。
2. 锅置火上，加入适量的水和洗好的大米，煮至半熟，放入切好的梨块，熬煮 1 个小时左右。
3. 依据个人口味，加入适量的冰糖，煮至溶化即可。

功效：此粥可清热润燥、辛凉解表。

白果萝卜粥

材 料：白果 5 粒，白萝卜 150 克，糯米 150 克，白糖 60 克。

做 法：

1. 白萝卜洗净切成丝，放入热水焯熟备用；白果洗净；糯米洗净。
2. 将白果和糯米一起放入锅内，加入适量的水，大火煮开后，加入白糖，以小火继续煮约 10 分钟。
3. 最后加入切好的萝卜丝，拌匀即可。

功效：此粥可固肾补肺、止咳平喘。

木耳大米粥

材料: 大米150克, 黑木耳10克, 大枣8枚, 冰糖适量。

做法:

1. 黑木耳用温水泡发, 去蒂, 撕成瓣状; 大米淘洗干净; 大枣洗净。 2. 将大米和大枣一起放入锅内, 加水适量, 大火煮开后, 加入黑木耳, 小火熬煮。 3. 熬至粥熟, 加入冰糖汁, 搅拌均匀即可。

功效: 此粥具有滋阴润肺的功效。

贝母冰糖粥

材料: 贝母15克, 大米75克, 冰糖适量。

做法:

1. 贝母去心研成末, 备用。 2. 大米洗净, 放入锅内, 加入适量清水, 煮粥。 3. 粥熟, 加入备用的贝母粉、冰糖, 再煮一小会儿即可。

功效: 此粥主治肺虚久咳、痰少咽燥。

黄豆大米粥

材料: 大米100克, 黄豆80克, 芝麻粉20克, 盐少许。

做法:

1. 黄豆洗净, 用水浸泡4~6个小时; 大米洗净。 2. 将大米和黄豆冷水放入锅内, 大火煮开后, 改为小火熬煮。 3. 粥将成时, 加入芝麻粉, 再加入盐调味即可。

功效: 此粥可降脂瘦身、驻颜美容。

冬季调养粥

冬季养生之道

　　传统中医养生之道认为，冬季的养生之道在于"藏"，因为按照中医的说法，冬天天气闭藏，人体的气血也潜藏起来了，这时候人不可以过分劳作，大汗淋漓，泄露阳气。初冬时节，天气还不是太冷，衣着方面不能穿得过少过薄，否则会容易诱发感冒，损耗阳气。当然也不能穿得过多过厚，否则腠理开泄，阳气不得潜藏，寒邪也易于侵入。这个时候经常晒晒太阳对人体颇具益处，因为在冬季，大自然处于"阴盛阳衰"状态，人体内部也不例外，所以在冬天常晒太阳，能起到壮阳气、温经脉的作用。

◎冬季饮食建议◎

　　中医认为，冬季是进补的最好季节，民间有"冬天进补，开春打虎"的谚语。冬季食补应注意营养的全面搭配和平衡吸收，可以适量进食高热量的饮食以弥补热量的消耗，还可适当吃一些温热性食物，可以增强机体的御寒能力。同时应注意少食生冷，但也不宜燥热，可以多吃新鲜蔬菜以避免维生素的缺乏，多饮豆浆、牛奶，多吃萝卜、青菜、豆腐、木耳等。

白菜粥

材料：大米150克，白菜50克，姜3克，味精1克，盐2克，猪油（炼制）6克。

做法：

1. 白菜洗净，切粗丝备用；姜洗净切成丝备用；大米洗净，用冷水浸泡30分钟左右，沥干水分备用。

2. 热锅加油，加入白菜丝、姜丝煸炒，起锅盛出备用。

3. 锅内加入约1500毫升冷水，加入大米，大火煮开。

4. 改用小火熬至粥熟，加入备用的白菜丝和姜丝。

5. 加入盐、味精调味，略煮即可。

功效：此粥用于便秘调理、养生健身。

冬菇鸭肉粥

材料：大米 150 克，鲜香菇 5 克，鸭腿肉 100 克，胡萝卜 1/4 根，干淀粉 1/2 茶匙，橄榄油适量，盐、胡椒粉、鸡粉各少许。

做法：

1. 大米洗净，用清水浸泡约半个小时，备用；鸭腿肉切丝，用少许盐、淀粉、一茶匙橄榄油拌匀，腌制约半个小时备用；将鲜香菇洗净切丝；胡萝卜切丝备用。

2. 锅内加入适量水烧开，加入备用的大米和一茶匙橄榄油，大火煮开。

3. 加入香菇丝、胡萝卜丝，转小火熬煮 20 分钟左右，加入鸭肉丝煮开。

4. 加入盐、胡椒粉、鸡粉、葱姜末调味。

功效：此粥可美容养颜、清热解毒。

八宝粥

材料：圆糯米 150 克，绿豆 30 克，红豆 30 克，腰果 30 克，花生 30 克，桂圆 30 克，红枣 30 克，陈皮 1 片，冰糖 60 克。

做法：

1. 先将所有材料洗净、用水泡软，备用。

2. 锅内加入适量清水，将准备好的食材一同加入，大火煮开。

3. 转中火煮约半个小时，加入冰糖调味即可。

功效：此粥有健脾养胃之效。

鲫鱼猪血粥

材料：鲜鲫鱼1条（150克左右），猪血150克，红枣15枚，枸杞子10克，小米60克，红糖10克，姜、葱、油、盐少许。

做法：

1. 将葱、姜、盐一起放入鲫鱼腹内，锅中加油烧热，将鲫鱼煎至表面略黄。

2. 加入适量开水，煮约15分钟，取出。

3. 将红枣、枸杞子和小米加入鱼汤中熬煮。

4. 待粥熟，加入红糖及猪血（洗净、切碎），再煮约5分钟，即可食用。

> **功效**：此粥温阳、益气、养血。

辣椒羊肉粥

材料：大米150克，熟羊肉75克，干辣椒6个，盐、味精、葱、姜、色拉油各少许。

做法：

1. 将熟羊肉切成一厘米左右的小块；干辣椒切末备用；大米洗净沥干水分。

2. 热锅加入色拉油烧热，入葱、姜、辣椒炸香。加开水和大米，煮开，去浮末，转小火熬煮。

3. 熬至九分熟，加入羊肉丁、盐和味精，继续熬煮10分钟左右，即可食用。

> **功效**：此粥具有温中散寒、开胃健食的功效。

萝卜羊肉粥

材 料: 大米 100 克，羊瘦肉 75 克，萝卜 50 克。

做 法:

① 羊瘦肉洗净，切成肉丁；萝卜洗净切成大块；大米淘洗干净。

② 将羊肉丁和萝卜块一同放入锅中同炖 15 分钟左右，去除羊肉膻味。

③ 取出萝卜，加入淘洗干净的大米，熬煮成粥。

功效: 此粥可益气补虚、温中暖下、益肾壮阳。

红糖肉桂大米粥

材 料: 大米 80 克，肉桂 2.5 克，红糖适量。

做 法:

① 将肉桂洗净，加入锅内，煮开，去渣备用。

② 将大米洗净，加入锅内，再加入适量水煮成粥。

③ 粥熟，加入备用的肉桂汁和红糖即可。

功效: 此粥具有滋补元气、健胃保暖、通血止痛的功效。

生姜大枣粥

材料：生姜8克，糯米120克，大枣5枚。

做法：

1. 将生姜洗净、切碎备用；大米洗净、沥干水分备用；大枣洗净备用。

2. 将以上准备好的食材依次加入锅内，再加入适量清水。

3. 大火煮开，转小火熬煮至熟。

功效：此粥可温胃散寒、温肺化痰。

樱桃橘子粥

材料：大米100克，樱桃5颗，小砂糖橘3个，桂花少许，白砂糖适量。

做法：

1. 大米洗净备用；樱桃去蒂，切小丁备用；砂糖橘剥皮，掰瓣备用。

2. 大米入锅，加入适量清水，煮开至粥黏稠，加入樱桃丁和橘子瓣，略煮。

3. 加入桂花和白砂糖，拌匀即可。

功效：此粥可健脑益智、调中益气、健脾和胃、祛风湿。

香芋蚝仔粥

材 料：蚝仔350克，香芋150克，丝瓜50克，大米200克，姜、盐、胡椒粉适量。

做 法：

1. 蚝仔洗净，放入姜粒腌10分钟，丝瓜、香芋去皮，切小丁备用。

2. 大米洗净放入锅内，加入适量清水，煮出米花。

3. 加入香芋丁煮软。

4. 加入蚝仔和丝瓜丁，一同用小火熬煮。

5. 煮熟后，加入盐和胡椒粉调味。

功效：此粥具润肺补肾、益智健脑、宁心安神、美容养颜之效。

第 8 章
"食"尚新宠: 五谷汁·米浆·粉糊·糖水·茶

　　西医营养学里有一种叫"要素饮食"的方法，就是将各种营养食物打成粉状，进入消化道后，易于吸收。这说明，消化、吸收的关键与食物的形态有很大关系，液体的、糊状的食物因分子结构小可以直接通过消化道的黏膜上皮细胞进入血液循环来滋养人体。而五谷汁、五谷米浆、五谷粉糊、五谷糖水、五谷茶就是利于人体吸收的食物形态。

养生五谷汁

二黑汁

材料：黑豆 100 克，黑米 35 克。

做法：

① 黑豆和黑米分别洗净，清水浸泡一夜，备用。

② 将黑米、黑豆一同放入豆浆机中，倒入

适量清水，充分搅打。

③ 待汁成，过滤，装杯即可。

功效：此饮品具有调中开胃、降血脂、降血清胆固醇的功效。

玉米冰糖汁

材料：甜玉米 5 穗，冰糖 5 克，以及适量矿泉水。

做法：

① 甜玉米取玉米粒，洗净，放入榨汁机，打成汁。

② 过滤下榨汁后的玉米汁，放入汤锅。

③ 加入冰糖，大火煮开后，改为小火煲煮 12 分钟左右即成。

功效：益气补血、暖胃、滋补肝肾。

百合薏米汁

材料：薏米 150 克，百合 50 克，蜂蜜适量。

做法：

1. 将薏米洗净，浸泡 5 个小时，备用；百合洗净。2. 把锅放在火上，倒入适量的水，将泡好的薏米放进去，再加入适量的冰糖，大火煮沸。3. 放入洗净的百合，改为小火再煮至其变软。4. 把薏米水倒入碗中，放入冰箱冷却后即可随时饮用，饮用时可加入适量的蜂蜜调味。

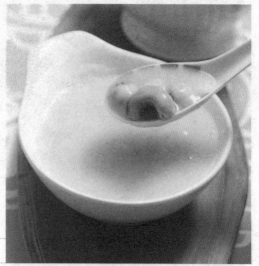

功效：具有利水消肿、健脾祛湿等功效。

糯米大枣汁

材料：糯米 100 克，大枣 30 克，红糖适量。

做法：

1. 糯米淘洗干净，清水浸泡 8 个小时；大枣用温水泡发，去核，备用。2. 将糯米、大枣一同放入豆浆机中，倒入适量清水，充分搅打。3. 待汁成，过滤，装杯，加入红糖调味，搅拌至化开即可。

功效：适用于病后精神、体力久不复原，身体乏力，或平素体质虚弱、经常头昏眼花者。

红豆小米汁

材料：红豆 80 克，小米 50 克，蜂蜜适量。

做法：

1. 红豆、小米分别淘洗干净，清水浸泡一夜，备用。2. 将红豆、小米一同放入豆浆机中，倒入适量清水，充分搅打。3. 待汁成，过滤，装杯，加入蜂蜜调味，搅拌至化开即可。

功效：清热解毒，适合牙龈肿痛者饮用。

栗子燕麦汁

材料：黄豆100克，燕麦片50克，栗子6个。

做法：

❶ 黄豆洗净，清水浸泡10小时；栗子去皮，切小粒；燕麦片冲洗干净，备用。❷ 将黄豆、栗子、燕麦一同放入豆浆机中，倒入适量清水，充分搅打。❸ 待汁成，过滤，装杯即可。

功效：健脾补肾、强身健体，适合孕妇饮用。

黄豆玉米汁

材料：嫩玉米粒100克，黄豆40克，白糖适量。

做法：

❶ 黄豆洗净，用清水浸泡5小时；嫩玉米粒洗干净，备用。❷ 将嫩玉米粒、黄豆一同放入豆浆机中，倒入适量清水，充分搅打。❸ 待汁成，过滤，装杯，加入白糖调味，搅拌至化开即可。

功效：降低胆固醇，预防高血压、冠心病、细胞衰老及脑功能退化。

红豆酸奶汁

材料：红豆80克，香蕉500克，酸奶150毫升。

做法：

❶ 香蕉去皮，切块；红豆洗净，煮熟，备用。❷ 将香蕉块、熟红豆、酸奶一同倒入豆浆机中，倒入适量清水，搅打。❸ 待汁成，过滤，装杯即可。

功效：促进肠胃蠕动，对消化不良、便秘有一定的调理作用。

养生米浆

大米糙米浆

材料：大米、糙米各50克，花生仁30克，芝麻15克，冰糖适量。

做法：

1. 大米和糙米淘洗干净，清水浸泡1个小时；花生仁炒香去皮；大米与糙米一同炒香；芝麻炒香；冰糖捣碎，备用。

2. 将花生仁、大米、糙米、芝麻一同放入豆浆机中，加水至上下水位线间，选择"米浆"键。

3. 待浆成，装杯，加入冰糖调味即可。

功效：健胃润肠、乌发养颜。

杏仁米浆

材料：大米100克，杏仁粉50克，冰糖适量。

做法：

1. 大米淘洗干净，清水浸泡3小时，备用。

2. 将泡好的大米和杏仁粉一同放入豆浆机中，加水至上下水位线间，选择"米浆"键。

3. 待浆成，装杯，加入冰糖调味，搅拌至化开即可。

功效：润燥护肤，美容，能消除色素沉着等。

小米胡萝卜浆

材 料：小米 100 克，胡萝卜 2 根，熟蛋黄 1 个。

做 法：

1. 胡萝卜洗净，切小块；小米淘洗干净，浸泡半小时。2. 将小米、胡萝卜、熟蛋黄一同放入豆浆机中，加水至上下水位线之间，按"米浆"键。3. 待浆成，装杯，搅拌均匀即可。

功效：有助于宝宝视力发育，大脑发育。

花生南瓜玉米浆

材 料：花生仁、玉米粉各 80 克，南瓜 200 克，白糖适量。

做 法：

1. 花生仁洗净；南瓜洗净，去皮，切小块，备用。2. 将花生仁、大米、核桃仁一同放入豆浆机中，加水至上下水位线间，选择"米浆"键。3. 待浆成，装杯，加入白糖调味，搅拌至化开即可。

功效：适合中老年人和高血压患者，有利于预防骨质疏松和高血压。

紫米浆

材 料：紫米 100 克，冰糖适量。

做 法：

1. 紫米淘洗干净，浸泡 6 小时；冰糖捣碎，备用。2. 将紫米放入豆浆机中，加水至上下水位线间，选择"米浆"键。3. 待浆成，装杯，加入冰糖调味，搅拌至化开即可。

功效：滋阴补肾、明目补血，对神经衰弱有辅助疗效。

十谷米浆

材料：糙米、黑糯米、小米、小麦、荞麦、芡实、燕麦、莲子、麦片、薏米各 10 克，熟花生仁 20 克，白糖适量。

做法：

1. 十谷米洗净，浸泡 8 小时，备用。2. 将十谷米、熟花生仁一同放入豆浆机中，加水至上下水位线间，选择"米浆"键。3. 待浆成，装杯，加入白糖调味，搅拌至化开即可。

功效：预防血管硬化、脑中风、痛风等病症。

腰果核桃米浆

材料：大米、小米各 50 克，核桃仁 20 克，腰果 15 克，红枣 5 枚，桂圆 4 颗，冰糖适量。

做法：

1. 大米、小米分别淘洗干净，浸泡 2 小时；腰果、核桃仁切碎；红枣去核；桂圆去核、壳，取肉，备用。2. 将大米、小米、腰果、核桃仁、红枣、桂圆一同放入豆浆机中，加水至上下水位线间，选择"米浆"键。3. 待浆成，装杯，加入冰糖调味，搅拌至化开即可。

功效：健脾暖胃、益肾。

黑芝麻杏仁米浆

材料：绿豆、大米各 30 克，黄豆、黑芝麻、花生仁、苦杏仁各 10 克，白糖适量。

做法：

1. 绿豆洗净，清水浸泡 5 小时；大米淘洗干净，清水浸泡；黄豆用清水浸泡 6 小时；黑芝麻、花生仁、苦杏仁洗净，备用。2. 将上述食材一同放入豆浆机中，加水至上下水位线间，选择"米浆"键。3. 待浆成，装杯，加入白糖调味，搅拌至化开即可。

功效：促进新陈代谢、延年益寿。

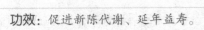

五谷杂粮粉糊

薏米核桃米糊

材料：薏米 150 克，大米 100 克，核桃仁 30 克，蜂蜜适量。

做法：

1. 将大米和薏米淘洗干净，放在水里浸泡 3 个小时；核桃仁用小火炒香。

2. 将薏米、大米和炒香的核桃仁一起放入豆浆机里，加入适量白开水，选择"粉糊"键。

3. 待豆浆机工作完毕，将粉糊倒入碗中，加入适量蜂蜜调味，即可食用。

> **功效**：润肠通便、润泽肌肤、养发美容、延缓衰老。

蛋黄米糊

材料：煮熟的鸡蛋黄 2 个，米粉三大勺。

做法：

将鸡蛋黄压成泥状，用温开水将米粉冲开，加入压好的蛋黄泥，搅匀即可食用。

> **功效**：蛋白质和卵磷脂含量丰富。

红枣生姜米糊

材料：红枣10枚，大米100克，枸杞子25克，生姜3片。

做法：

❶ 将大米淘洗干净，放在清水里浸泡3小时左右；枸杞子洗净，用温水泡发；红枣洗净、去核、对半切开。❷ 将大米、枸杞子（留几粒）、红枣、生姜一同放入豆浆机里，加入适量的白开水，选择"粉糊"键。❸ 待糊成，倒入碗内，撒入剩下的几粒枸杞子即成。

功效：补血养颜、益气补血。

红豆莲子糊

材料：红豆150克，莲子80克，枣肉25克，黑芝麻（炒）20克，淀粉适量。

做法：

❶ 红豆洗净，用高压锅煮熟；莲子去壳、心，洗净；大枣肉洗净。❷ 将煮好的红豆连同枣肉、黑芝麻、莲子一同放入豆浆机，加入适量的白糖。❸ 用淀粉勾芡一下煮红豆的水，加入豆浆机里制作好的红豆莲子泥，搅匀，即可。

功效：利水渗湿，尤其适合孕妇食用，对妊娠期水肿有一定食疗作用。

芝麻花生冰糖糊

材料：黑芝麻350克，花生60克，冰糖适量。

做法：

❶ 将黑芝麻和花生洗干净、沥干水分；将黑芝麻放入锅中炒香（注意别炒焦），研成细末；花生放入油锅中炸焦。❷ 锅内加入适量清水烧开，放入磨好的芝麻粉以及冰糖。❸ 熬至水再次开，冰糖溶化，撒入几粒炸香的花生米。

功效：乌发美容、补血养颜。

小米芝麻糊

材 料：小米 200 克，芝麻 60 克，蜂蜜适量。

做 法：

1. 将小米和芝麻分别淘洗干净，放在水里一同浸泡 2 个小时。
2. 将泡好的小米和芝麻一同放入豆浆机内，倒入适量的水，按"米糊"键。
3. 豆浆机完成工作后，将米糊倒入碗内，加入适量的蜂蜜调味即可。

功效：益智健脑、美容养颜。

桑葚黑芝麻糊

材 料：黑芝麻 100 克，大米 50 克，桑葚 80 克，冰糖适量。

做 法：

1. 将大米在水里浸泡 3 个小时。
2. 将桑葚、黑芝麻和泡好的大米一起放入豆浆机里，放入少量的水，打成泥状。
3. 在砂锅里加入 4 杯清水，加入冰糖，熬至融化。
4. 用勺子一点儿一点儿将豆浆机里打好的桑葚芝麻泥加入到砂锅中，并不断用勺子搅拌。
5. 煮成糊状，即可食用。

功效：具有降血压的功效。

香蕉牛奶米糊

材 料：牛奶 200 毫升，香蕉 1 根，大米 60 克，蜂蜜适量。

做 法：

1. 将大米淘洗干净，在清水里浸泡 3 个小时；香蕉剥皮，切成段。
2. 将泡好的大米和切好的香蕉段一同放入豆浆机，加入牛奶，选择"粉糊"。
3. 豆浆机完成工作后，就可以享受美味的香蕉牛奶米糊了，还可以根据个人喜好，加入适量的蜂蜜。

功效：益智补脑，有利于钙吸收。

五谷杂粮健康糖水

▎银耳玉米糖水

材料：甜玉米粒 50 克，银耳 20 克，红枣 5 枚，枸杞子、白糖各适量。

做法：

1. 银耳清水泡开，去蒂，撕成小朵；红枣、枸杞子洗净；红枣去核。

2. 锅置火上，煮沸清水，放入银耳、红枣和枸杞子，小火熬煮 40 分钟，至银耳软烂；加入白糖调味，再煮 20 分钟，拌匀即可。

功效：恢复青春、延缓衰老。

▎姜汁红糖水

材料：生姜 20 克，红糖适量，矿泉水 1 瓶。

做法：

1. 生姜洗净，榨成汁，过滤掉渣滓。

2. 矿泉水煮沸，晾凉至 70 摄氏度左右。

3. 依个人口味在杯子里放一些红糖，放入过滤好的姜汁，用 150 毫升温开水冲服。

功效：温中散寒、加快新陈代谢、促进血液循环。

海带绿豆糖水

材料：绿豆 150 克，海带 30 克，陈皮、冰糖各适量。

做法：

1. 陈皮泡软，切丝；海带浸泡 10 分钟，洗净，切丝；绿豆用水浸泡 3 小时，洗净，备用。
2. 锅置火上，倒入适量清水放入绿豆、陈皮、海带，小火熬煮 1 小时；加入冰糖，再熬煮 20 分钟即可。

功效：除热散结、消肿。

燕麦花生糖水

材料：燕麦 100 克，糯米、花生仁各 50 克，白糖适量。

做法：

1. 燕麦洗净，清水浸泡 20 分钟，备用。
2. 锅置火上，倒入适量清水，放入花生，大火煮沸，倒掉花生水；放入燕麦、糯米，倒入适量清水，改小火，熬煮 1 小时；加入白糖调味，拌匀即可。

功效：营养丰富、补充 B 族维生素。

玉米南瓜露

材料：南瓜 100 克，玉米粒 25 克，鲜百合 15 克，冰糖适量。

做法：

1. 南瓜去皮，切粒；鲜百合撕开，洗净；玉米粒洗净；冰糖捣碎，备用。
2. 锅置火上，倒入适量清水，放入片糖，大火煮沸；改小火，加入南瓜粒、玉米粒、百合，熬煮 8 分钟即可。

功效：缓解高血压、水肿。

山药番薯糖水

材料：小番薯 50 克，山药 30 克，红枣 10 枚，冰糖适量。

做法：

1. 山药、番薯分别去皮、切丁；红枣洗净，去核；冰糖捣碎，备用。

2. 锅置火上，放入适量清水，放入山药丁、番薯丁和洗净的红枣，大火煮沸；加入冰糖，继续大火熬煮 20 分钟，溶化即可。

功效：润肠通便、去脂瘦身。

荷叶薏米茶

材料：薏米 10 克，鲜荷叶、山楂各 5 克。

做法：

① 薏米用小火，炒香；荷叶、山楂洗净，备用。

② 锅置火上，倒入适量清水，大火煮沸；放入薏米、荷叶、山楂，煮沸即可。

功效：清热、利湿、治疗水肿。

黑芝麻杏仁茶

材料：黑芝麻 5 克，甜杏仁 10 克，冰糖适量。

做法：

1. 黑芝麻去杂，洗净，烘干；杏仁洗净，晾干；冰糖捣碎，备用。 2. 杏仁与黑芝麻一同捣烂。 3. 锅置火上，倒入适量清水，大火煮沸；放入捣烂的杏仁和黑芝麻，略煮，加入冰糖调味，溶化即可。

功效：润肺止咳，适于肺阴不足、久咳少痰者食用。

红豆花生茶

材料：红豆 50 克，花生仁 25 克，红枣、红糖各 15 克。

做法：

1. 红豆、花生仁洗净、沥干；红枣洗净，温水浸泡 10 分钟，备用。 2. 锅置火上，倒入适量清水，放入红豆、花生仁，大火煮沸；改小火，熬煮 1 小时；加入红枣、红糖拌匀，熬煮 30 分钟，滤渣取汁即可。

功效：清热解毒、缓和慢性肝炎。

山药茶

材料：山药 250 克，清水 500 毫升。

做法：

1. 山药洗净，去皮，切薄片，备用。 2. 锅置火上，倒入清水，放入山药片，大火煮沸；改小火，熬煮 20 分钟；盖上盖子，焖 15 分钟，滤渣取汁即可。

功效：补脾、益肺、固肾益精。

杏仁芝麻糊茶

材料：甜杏仁 70 克，苦杏仁 10 克，糯米 24 克，黑芝麻 20 克，冰糖、糯米粉各适量。

做法：

① 杏仁、糯米粉加水用豆浆机打成汁，放锅中煮沸加冰糖即为杏仁茶；黑芝麻小火炒香，放入粉碎机中打成粉状。② 锅中倒入适量清水，加入五大勺的芝麻粉煮开，加冰糖，取糯米粉三大勺，用适量清水调匀；慢慢加放芝麻水中，小火煮成稀糊，盛出倒入杏仁茶即可。

功效：可乌发补肾。

红枣绿茶

材料：红枣 10 枚，绿茶 5 克，红糖适量。

做法：

① 红枣洗净，放入清水锅中，小火煮烂；绿茶放入杯中，加入沸水，浸泡 5 分钟，备用。② 枣汁滤入杯中，加入绿茶汁、红糖调匀即可。

功效：补血益气、清热降燥。

白果茉莉花茶

材料：白果 5 克，茉莉花茶 3 克。

做法：

① 将茉莉花茶放入杯中；白果洗净，备用。② 将白果和水加入锅中煮沸后，再倒入置有花茶的杯中，静置 5 分钟即可。

功效：止咳化痰、改善气管炎、抗菌。

附录
营养加倍的佐粥菜点

每天吃惯了大菜，你是否怀念记忆中佐粥小菜的滋味？它们廉价不显眼，却清爽可口，令人回味。得闲时刻，动手煮一锅杂粮粥，配几碟精致的佐粥小菜，看似清淡简单，个中滋味却萦绕齿颊，怎一个"妙"字了得！

小 菜

腌黄瓜

材 料：鲜黄瓜 5 根，朝天椒适量，食盐 200 克，酱油 2 袋，白糖 100 克，姜、蒜、花椒适量，白酒少许。

做 法：

①黄瓜洗净，对半切开，将准备好的食盐，均匀地撒在切好的黄瓜上、拌匀。②找一个重物压在撒了盐的黄瓜上，把黄瓜里的水挤出来。③酱油、白糖一起放入锅中，待把酱油煮开、白糖煮化后关火，找一容器倒入晾凉。④把去过水的黄瓜，加入晾凉的酱汤中，依个人口味，准备姜、蒜、朝天椒等一些配料一起放入，然后放入适量白酒。⑤炒锅内放入适量的油，油热后加花椒少许，待油温接近室温，浇到刚才泡好的黄瓜上，即成。

蔬菜沙拉

材　料：圆白菜150克，番茄100克，黄瓜80克，青椒50克，色拉油、盐、柠檬汁、蜂蜜各适量。

做　法：

① 把圆白菜、番茄、小黄瓜、青椒分别洗净，圆白菜撕成小块，番茄切成均等的小块，青椒、洋葱切环片；把色拉油、盐、柠檬汁、蜂蜜混合，搅拌均匀。② 将切好的材料混拌匀，放在盘子中。③ 将调制好的沙拉酱淋在蔬菜上就可以了。

青椒拌干丝

材　料：青椒2个，豆腐干300克，香油、白砂糖、食盐适量。

做　法：

① 青椒洗净，切成细丝，备用；豆腐干切成细丝。② 把青椒丝、豆腐干丝一同放入开水锅里焯一下，捞出后过凉，沥去水分。③ 将焯好的青椒丝和豆腐干丝一同放入容器中，依据个人口味加入适量的香油、白砂糖、食盐拌均匀即可。

凉拌魔芋丝

材　料：魔芋200克，黄瓜150克，酱油6克，香油3克，白醋少许。

做　法：

① 魔芋切丝，余烫一下，过凉，沥干备用。② 洗净小黄瓜切丝，放在容器中，加白醋抓拌一下，腌渍片刻，用水冲净。③ 魔芋丝和黄瓜丝一起放入容器中，加入适量酱油和香油，搅拌均匀即可食用。

凉拌海带丝

材 料：海带300克，大蒜4瓣，生抽、香醋、盐、油、辣椒油、香菜、熟芝麻各适量。

做 法：

① 海带浸泡干净，切成细丝，大火焯烫一分钟，过凉，备用。② 蒜头拍碎，放进锅里小火爆炒。③ 将香醋、生抽、辣椒油、盐和爆香的蒜头拌匀调匀，备用。④ 将香菜和调味汁放入晾好的海带丝中，拌匀盛盘，最后撒上熟芝麻即可。

糖醋木耳

材 料：水发木耳300克，荸荠70克，酱油、白砂糖、淀粉、醋、熟花生油适量。

做 法：

① 木耳洗净，切片，然后进行焯水，焯熟后过凉。② 荸荠洗净去皮，用刀拍碎。③ 炒锅中放入适量熟花生油，烧至七成热，把木耳、荸荠下锅炒熟，加入酱油、白糖、鲜汤。再下入适量醋，浇上熟花生油，起锅装盘即成。

菠菜拌花生

材 料：菠菜300克，粉丝50克，花生米100克，干木耳20克，熟芝麻、葱姜蒜、盐、糖、鸡精、大料、生抽、香醋、香油、辣椒油各适量。

做 法：

① 菠菜切长段，在盐水中焯一下；花生米去皮，加大料、葱姜、盐煮熟；木耳泡发后切成细丝，焯烫盛出过凉，再放入粉丝烫熟。② 将盐、鸡精、生抽、香醋、糖、蒜泥搅拌均匀。③ 将菠菜、花生米、木耳、粉丝放入盘中，倒入调好的料汁，加入香油、辣椒油拌均匀，最后撒一些熟芝麻即可食用。

热炒

木须肉

材 料: 猪瘦肉300克, 鸡蛋200克, 木耳15克, 黄瓜100克, 盐6克, 竹笋适量, 酱油、料酒、植物油、香油、葱、姜少许。

做 法:

1. 猪瘦肉切丝, 用蛋清、盐抓拌切好的肉丝, 腌制20分钟。2. 黄瓜洗净, 用热水焯一次, 捞出后用凉水过凉, 凉后横切成半, 再切成长条。3. 鸡蛋打散, 竹笋、木耳洗净切丝, 葱、姜洗净切末。4. 炒锅入油烧热, 下肉丝炒至变色, 盛起。5. 用剩下的油爆香葱花、姜末, 倒入蛋液迅速翻炒。6. 放入准备好的木耳丝、笋丝、肉丝及黄瓜, 翻炒均匀后加盐调味, 即可食用。

豆豉豆腐

材 料：豆腐1块，豆豉辣酱适量，白糖少许，生抽、水淀粉、油、葱适量。

做 法：

①豆腐切小块，锅中放少许油，油热后放入豆腐，小火煎至金黄。②锅中放油，油热后爆香葱花，再放入豆豉辣酱炒香，再放入煎好的豆腐。③放入生抽、白糖翻炒均匀，最后淋上水淀粉勾芡，大火翻炒后出锅。

香菇油菜

材 料：小油菜300克，香菇5朵，盐5克，酱油6克，白糖7克，水淀粉适量，味精3克。

做 法：

①小油菜择洗干净；香菇用温水泡发，去蒂切成小丁。②锅中入油，油热后放入小油菜，加适量盐，炒熟后盛出。③锅中放油烧至五成热，放入香菇丁，然后加盐、酱油、白糖翻炒至熟，闻到香菇特有的香气后，加入水淀粉勾芡，再放入味精调味，最后放入炒过的油菜翻炒均匀即可。

韭菜炒鸡蛋

材 料：韭菜300克，鸡蛋5个，食盐6克，料酒、色拉油、味精少许。

做 法：

①将韭菜择洗干净，控干水分，切成2厘米左右的段。②鸡蛋磕入碗内，加入适量的料酒、食盐、味精搅打均匀。③炒锅加多些底油，加热至五六成热，倒入韭菜煸炒。④韭菜熟后倒入鸡蛋迅速翻炒，一边翻炒一边淋上少量油，待鸡蛋熟后，即可食用。

豆角炒肉

材料：豆角300克，猪肉180克，红辣椒1个，青辣椒1个，豆豉、油、生抽、蒜瓣各适量。

做法：

1. 豆角洗净切丁，肉切末，青辣椒、红辣椒、蒜瓣切碎。2. 爆香蒜瓣，放入肉末，炒成半熟，淋少许生抽，炒至肉变色变熟后捞出。3. 重新倒油，半热时倒入切好的豆角，大火快炒到呈现深绿色时，放入肉末同炒。4. 豆角和肉末都熟了以后，放入一勺剁辣椒翻炒均匀，加少许盐，即可盛盘食用。

竹笋炒三丝

材料：鲜竹笋200克，胡萝卜50克，青椒、豆腐干、鸡精、盐适量。

做法：

1. 竹笋剥去外衣，切成丝；胡萝卜、青椒、豆腐干洗净切成丝。2. 锅置火上，烧热后放入两大匙油，放入胡萝卜和笋丝煸炒一分钟。3. 放入青椒丝，豆腐干丝翻炒至八分熟熟。4. 放入适量水煮开，加入盐和鸡精，炒均匀即可。

地三鲜

材料：土豆200克，青椒150克，茄子200克，葱花、蒜片、生抽、盐、糖、淀粉适量。

做法：

1. 土豆、茄子去皮切滚刀块，青椒去蒂切滚刀块。2. 锅中放油，七成热后，将蔬菜分别过油，土豆和茄子炸两三分钟捞出，青椒过油后立即捞出。3. 锅中放少量油，放葱花、蒜片爆香，将土豆、青椒、茄子一起倒入锅中，加生抽、糖、盐翻炒均匀，转小火，焖2分钟，最后淋上水淀粉勾芡即可。

咸蛋碎肉蒸娃娃菜

材料：猪绞肉200克，咸蛋黄3个，娃娃菜2棵，盐、生抽、蚝油、砂糖、大蒜末、香油适量。

做法：

1. 将盐、生抽、蚝油、砂糖、大蒜末放入绞肉中，用筷子搅拌，腌制5分钟，入味即可；娃娃菜对半切开洗净，再将半棵的娃娃菜切成三等份均匀地铺在盘子上；咸蛋外表洗净，剖去外壳，取出蛋黄，对半切开备用。 2. 锅烧热，放入凉油，放入绞肉，翻炒至熟即可。 3. 将炒好的绞肉铺放在娃娃菜上面，再铺上对半切的咸蛋黄。 4. 锅内放入半锅水，大火烧开后，放入娃娃菜盘，加盖大火蒸15分钟即可。 5. 蒸好后在表面滴上几滴香油即可。

风味卤豆干

材 料：豆腐干 300 克，酱油 40 克，精盐 6 克，大葱 10 克，八角 5 克，白砂糖 25 克，香油 6 克，姜 5 克，花生油 70 克。

做 法：

1. 豆腐干洗净，切菱形块。2. 炒锅入油，八成热，将豆干块投入锅内，炸至金黄色捞出，沥干油。3. 取净锅上火，加水 250 毫升，加精盐、酱油、白糖、八角、葱段、姜块，大火烧沸，改小火卤约 15 分钟，至卤汁略有稠浓时淋上香油，出锅即成。

卤鸭肉

材 料：处理干净的鸭子 1 只，枸杞子 15 克，盐、生抽、醋、糖、小葱、姜片、老抽、豆瓣酱各适量。

做 法：

1. 鸭子切小块；枸杞子洗净；小葱切小段。2. 油烧热，倒入鸭肉，翻炒至变色。加入生抽、醋、糖、豆瓣酱，滴几滴老抽调色，翻炒后加水，没过鸭肉。3. 加入一小把小葱、几片生姜，大火烧至水沸，改成小火，烧至快收汁时，加入少许盐。4. 收汁后出锅，加枸杞子和小葱段点缀即可。

剁椒蒸金针菇

材 料：金针菇 350 克，剁椒 50 克，食盐 6 克，醋 25 克，鸡精、胡椒粉少许，辣椒油 30 克。

做 法：

1. 金针菇洗净，沥干水分，放入盘中，将盘子置于蒸笼上，盖上锅盖，大火蒸 5 分钟。2. 剁椒切碎制成剁椒酱、盐 6 克、鸡精 1/2 小勺、胡椒粉 1/4 小勺、辣椒油 20 克、醋 20 克调成味汁。3. 开盖加入调好的味汁，盖上盖子焖 2 分钟入味即可。

南瓜粉蒸肉

材 料：五花肉 750 克，南瓜 800 克，蒸肉粉 3 盒，葱段 25 克，蒜末 20 克，酒、酱油、甜面酱、辣豆瓣酱、糖各适量。

做 法：

① 五花肉洗净、切片，加入调味料加清水调匀，腌制 30 分钟。② 南瓜洗净去皮，将瓜瓤刮净，切成厚片，铺在蒸碗底部。

③ 五花肉中均匀裹上一层蒸肉粉，铺在南瓜上，将蒸碗放入锅内，大火蒸 30 分钟。

④ 将准备好的葱段和蒜末撒在蒸好取出的蒸碗上，并淋入一大匙熟油，使葱蒜起香即可。

餐点

春饼

材料：面粉 500 克，韭菜、黄豆芽、胡萝卜、粉丝、金针菇各适量，盐、醋、香油、植物油各适量。

做法：

1. 开水倒入面粉中和成光滑的面团，放置 30 分钟。2. 面团揉成长条，切成剂子，擀大些。3. 选择两个剂子，中间抹油后擀薄，放入锅中小火慢慢烙熟，一揭即分开。4. 韭菜洗净切段，胡萝卜洗净去皮切丝，粉丝泡软切段，金针菇洗净切段。5. 锅中加入适量的植物油烧热，先倒入胡萝卜丝，再依次放入黄豆芽、金针菇、粉丝，最后出锅前放入韭菜、醋、盐调味，最后点几滴香油出锅。6. 把菜放在春饼上卷起，即可食用。

糯米糕

材　料：糯米500克，豆沙馅300克，白糖150克。

做法：

1. 将糯米用水淘洗净，再加入适量清水，上笼蒸成糯米饭。2. 将蒸好的糯米饭用湿布包住，蘸以凉水，反复揉搓，使米饭变成泥状。3. 手蘸凉水揪一块1/30面团，压扁，包入适量豆沙馅收口按成小圆饼形，投入热油锅内炸至金黄色捞出。4. 装盘撒上白糖即可。

玉米饼

材　料：玉米粉、豆面、白面各适量，自发粉5克，蜂蜜、小苏打各适量。

做法：

1. 将玉米粉、豆面、白面以7：2：1的比例掺好拌匀，加少量小苏打和适量蜂蜜，搅拌均匀，将拌好的面揉成一块一块扁圆形。2. 平锅中放少许油，放入揉好的面块，煎至一面定型后，翻过来刷一层油，带两面焦黄后出锅即成。

葡萄燕麦饼

材　料：低筋面粉200克，鸡蛋2个，泡打粉少许，苏打粉少许，澳洲燕麦片、葡萄干、黄油、红糖、白糖各适量。

做法：

1. 葡萄干泡软沥干水分；黄油室温软化；粉类过筛；红糖、白糖打成粉末。2. 软化的黄油加糖和蛋液打匀。3. 加入过筛的粉类，用刮刀翻拌到没有干粉的状态。4. 加入燕麦片、葡萄干拌匀。5. 用勺子将面糊间隔舀到烤盘上，之后用手沾一点儿水轻轻按平。6. 烤箱预热到200摄氏度，烘烤22分钟即可。

黏豆包

材料：黄米面200克，干面粉200克，豆沙馅270克，发酵粉、白糖、桂花酱适量。

做法：

① 将黄米面放入盆中，加入适量60摄氏度左右水温的水，将其和成面团，待凉后，把发酵粉用水懈开，再加入干面粉，倒入黄米面中和匀，饧3个小时。② 将面团取出切成均匀的剂子，拍扁，将豆沙等量分好，搓成长条。③ 用拍扁的面团包好豆沙馅，入锅蒸12～15分钟即可。

荞麦面

材料：荞麦面（粉）100克，全麦粉100克，小麦面粉200克，鸡蛋4个，水、食盐适量。

做法：

① 混合粉类和盐，加入三大勺水，混合成为沙状物。② 揉5～10分钟，成为光滑不粘手的面团，冷藏30分钟。③ 将面团分两份，分别用压面机先用最厚的距离折叠压薄3次，然后逐渐调整厚度，压到最薄。④ 用压面机切成细条晾干。

青稞饼

材料：青稞粉320克，糖适量50克，酵母粉、黑芝麻各适量。

做法：

① 青稞面粉加入发酵粉用水和好，放置3小时左右。② 面团发酵后，均匀分成80克左右的面剂，拍扁后在上面撒上些芝麻，放入烤箱，设定温度为200摄氏度。15分钟后，香喷喷的青稞饼就做好了。